枸杞
优质丰产栽培

GOUQI YOUZHI FENGCHAN ZAIPEI

简在友　代　磊　编著

中国科学技术出版社

·北　京·

图书在版编目（CIP）数据

枸杞优质丰产栽培 / 简在友，代磊编著 . —北京：
中国科学技术出版社，2017.6
ISBN 978-7-5046-7497-5

I. ①枸… II. ①简… ②代… III. ①枸杞—栽培技术
IV. ① S567.1

中国版本图书馆 CIP 数据核字（2017）第 094826 号

策划编辑	刘　聪　王绍昱	
责任编辑	刘　聪　王绍昱	
装帧设计	中文天地	
责任校对	焦　宁	
责任印制	徐　飞	

出　　版	中国科学技术出版社
发　　行	中国科学技术出版社发行部
地　　址	北京市海淀区中关村南大街16号
邮　　编	100081
发行电话	010-62173865
传　　真	010-62173081
网　　址	http://www.cspbooks.com.cn

开　　本	889mm×1194mm　1/32
字　　数	92千字
印　　张	4
版　　次	2017年6月第1版
印　　次	2017年6月第1次印刷
印　　刷	北京威远印刷有限公司
书　　号	ISBN 978-7-5046-7497-5 / S·628
定　　价	14.00元

Contents 目 录

第一章
概　述

一、栽培价值

枸杞因被誉为"红宝"而驰名中外。枸杞全身是宝，明李时珍《本草纲目》记载："春采枸杞叶，名天精草；夏采花，名长生草；秋采子，名枸杞子；冬采根，名地骨皮。"枸杞果、皮、叶均可入药。枸杞果实内含有枸杞多糖，18 种氨基酸和胡萝卜素、钙、铁、磷、锂等多种微量元素。现代研究表明，枸杞子有降低血糖、抗脂肪肝和抗动脉粥样硬化的作用。《中国药典》记载：枸杞味甘性平，归肝、肾经，能滋补肝肾，益精明目，用于虚劳精亏，腰膝酸痛，眩晕耳鸣，阳痿遗精，内热消渴，血虚萎黄，目昏不明等症状。在我国枸杞曾经只用来入药，实际上枸杞用处很广。

1. 药用价值　枸杞根皮（地骨皮）为解热止咳药，可解结核性湿热症；果实（枸杞子）为滋养强壮药，可补肝养血、益精助阳，治糖尿病、肺结核、虚弱消瘦，有明目之功效；枸杞嫩叶（天精草）具有补虚益精、清热明目的功效。枸杞还能够保肝、降血糖、软化血管，降低血液中的胆固醇、甘油三酯水平，对脂肪肝和糖尿病患者具有一定的疗效。据临床医学验证，枸杞还能治疗慢性肾衰竭。

2. 食用价值　枸杞可食用、菜用或做饲料。据测定，枸杞含有18 种氨基酸及大量的胡萝卜素、生物碱、酸浆红素、亚油酸、甜菜碱、烟酸、牛磺酸、B 族维生素、维生素 C 及钙、磷、铁等物质。枸杞子的食用方法很多，可直接嚼服、泡茶浸酒，也可做粥、汤等。枸杞叶可作蔬菜食用，食用方法既简单又多样，可以炒菜、凉拌、做汤，尤其适合涮锅，是冬季吃火锅的理想配料。枸杞叶作为饲草营养价值高于草木樨。

3. 美容保健作用　常吃枸杞可以美容。枸杞补肾，肾为先天之本，是人身体的生命之源，肾功能良好，身体各部分才能正常运转，面色才会红润洁白。此外，枸杞可以提高皮肤吸收养分的能力，起到美白养颜作用。对于生活节奏快、竞争压力大的现代人来说，枸杞最实用的功效就是增强人体的免疫力，抗疲劳和降血压。枸杞现已深加工成多种产品：枸杞果汁、枸杞酒、枸杞咖啡、枸杞花蜜、枸杞多糖等。近年来，随着滋补药品和食品的开发利用，枸杞子的市场需求量猛增。

4. 生态环境保护价值　枸杞是干旱陡岸陡坡上的一种优良水土保持灌木，其地上部分生长迅速，植株上端枝叶茂密，下端枝根交错，紧贴坡壁，有减缓地面径流的作用。地下部分根系强大，主根可深达 10 余米，侧根发达，密集于土层 1 米深处，水平根幅可达 6 米，固土作用极大，能有效防止坡面滑塌。

二、枸杞生长及结果习性

（一）生长习性

《中国药典》表明，枸杞子来源植物为宁夏枸杞的干燥成熟果实。宁夏枸杞为茄科枸杞属植物，枸杞属植物在我国有 7 个种和 3 个变种，其中有些种如枸杞、新疆枸杞在当地也栽培供药用。

宁夏枸杞自然生长植株为灌木，高 0.8～2 米，栽培植株茎粗直径达 10～20 厘米。宁夏枸杞分枝细密，野生时多开展且略斜升或弓曲，栽培时小枝弓曲而树冠多呈圆形。枝有纵棱纹，灰白色或灰黄色，无毛而微有光泽，有不生叶的短棘刺和生叶、花的长棘刺。叶互生或在短枝上簇生，披针形或长椭圆状披针形，顶端短渐尖或急尖，基部楔形，长2～3厘米，宽4～6毫米，栽培植株叶长达12厘米，宽1.5～2厘米，略带肉质，叶脉不明显。花在长枝上1～2朵生于叶腋，在短枝上2～6朵同叶簇生；花梗长1～2厘米，向顶端渐增粗。花萼钟状，长4～5毫米，通常2中裂，裂片有小尖头或顶端有2～3齿裂；花冠漏斗状，蓝紫色，花冠筒部长8～10毫米，自下向上渐扩大，花冠裂片长5～6毫米，卵形，顶端圆钝，基部有耳，边缘无缘毛，花开放时平展；雄蕊的花丝基部稍上处及花冠筒内壁生一圈密茸毛；花柱与雄蕊一样，由于花冠裂片平展而稍伸出花冠。浆果红色或在栽培类型中也有橙色，果皮肉质，多汁液，形状及大小由于经长期人工培育或植株年龄、生境的不同而多变，常有广椭圆状、矩圆状、卵状或近球状，顶端有短尖头或平截、有时稍凹陷，果长8～20毫米，直径5～10毫米。果实内种子20余粒，略成肾脏形，扁压，棕黄色，长约2毫米。枸杞花果期较长，一般从5月份到10月份边开花、边结果。

　　宁夏枸杞原产于我国北部，在河北北部、内蒙古、山西北部、陕西北部、甘肃、宁夏、青海、新疆都有野生，尤其是宁夏及天津地区栽培多、产量高。宁夏枸杞常生于土层深厚的沟岸、山坡、田埂和宅旁，耐盐碱、沙荒和干旱，因此可作为水土保持和造林绿化的灌木。宁夏枸杞果实因入药而栽培，在我国有悠久的栽培历史。现在除以上省（区）有栽培外，我国中部和南部也有不少省（区）引种栽培。欧洲及地中海沿岸国家现在也普遍在栽培。

　　宁夏枸杞喜光照，对土壤要求不严，耐盐碱、耐肥、耐旱、怕水渍。栽培以肥沃、排水良好的中性或微酸性轻壤土为宜，盐碱土的含盐量不能超过0.2%，在强碱性、黏壤土、水稻田、沼泽地区不宜栽培。枸杞每年的休眠期从上一年11月份到翌年3月份，每年的生长期为7～8个月，即每年的3～10月份。花期是每年的5～10月份，连续开花，连续结果。果实成熟时为鲜红色。果期从

6月中旬至10月中下旬，直到霜期到来为止。枸杞种子很小，千粒重只有0.83～1克，常温条件下，可保存4～5年，在20℃～25℃适温条件下，种子7天就能发芽。

（二）开花、结果习性

枸杞的开花习性与其他果树差别很大，是一种开花结实很特别的木本经济植物。枸杞树上一年生长的枝条均能开花结实，并且当年生枝条是一个无限花序，枝条在生长过程中，现蕾、开花连续不断，一直到枝条停止生长。枸杞营养枝通过修剪，削弱其生长势，在当年也能开花结实。

枸杞实生苗当年就能开花结实，以后随着树龄的增长，开花结果能力渐次提高，35年生后开花结果能力才渐渐降低。一般把1～5年生树龄称为初果期，此时营养生长旺盛，生殖生长能力不断提高。管理良好的情况下，4～5年生树木每667米²产干果50～75千克；6～35年生为盛果期，其中6～10年生的树木每667米²产干果100千克左右，11～25年生树木，产量稳定，一般每667米²产干果120～150千克，26～35年生树木每667米²产干果100千克左右；36～55年生的树木，由于长势衰弱，产量显著下降。55年生以后，枸杞树基本上没有经济价值。

枸杞花蕾自出现到开放需18～25天。气温低、湿度大或下雨天气，开花期会延迟。一般在日平均温度达到14℃以上时开始开花；16℃～22℃时进入盛花期，日夜开花，但70%以上的花在白天开。日照强、日气温在18℃时，中午开花数多；在18℃以上时，上午开花数多；若日照弱，一天内气温差异不大，则上午、中午、下午开花数量差异不明显，开花数相对也较少。

我国的多数产区，枸杞1年有3次明显的开花结实，其花期长，植株花期可持续4～5个月，盛花期间每天都有开花现象。在一些气温低的地方由于有效积温不够，只开花结实2次。在枸杞原产地中宁县，枸杞的第一次开花结实发生在上一年形成的枝条上，4月中旬现蕾，4月下旬至5月上旬始花，5月中旬盛花，6月中旬成熟，采果延续到7月上旬。枸杞的第二次开花结实发生在春季生长的枝条，5月上旬现蕾，6月上旬盛花，7月上旬果实成熟。枸杞的第三次开花结实发生在秋季枝条生长时。老眼果采摘结束后，老眼枝经过一段时间的养分积累，又生长出新的枝条，新枝条8月中旬现蕾，9月上旬开花，10月上旬果实成熟。

枸杞1年生枝条（春枝、秋枝）的花单生于叶腋，2～5年生枝条的花簇生于叶腋中。通常情况下，以2～4年生的结果枝着花的数量最多。小花多在白天开放，单花从开放到凋谢约需4天。授粉后4天左右，子房开始迅速膨大，在果实成熟期间，果实颜色变化的先后顺序是绿白色、绿色、淡黄绿色、黄绿色、橘黄色、橘红色，成熟时则变成鲜红色。单个果实的发育需30天左右。枸杞的落果率较高，一般可达30%左右，尤其幼果期落果最多，因此在结果期应加强保果管理。

枸杞的结果情况有3种：第一种是2年生以上的结果枝，即老眼枝，这种枝开花结果早，开花能力强，坐果率高，果熟得早（多为春果或夏果），是枸杞的主要结果枝。第二种是当年春季抽生的结果枝，产地称"七寸枝"，这种枝条开花结果时间稍晚，具有边抽生、边孕蕾、边开花、边结实的特点，花果期较长，结实能力也较强，但坐果率较低。第三种是当年秋季抽生的结果枝，当年也开花结实，但产量较低。虽然秋果枝与前两种结果枝相比，结果所占比重不大，但它可以在第二年转变为老眼枝，增加结果枝的数目，对产量的稳定和提高有较大作用，所以生产中要保持一定数量的秋果枝。开花、结果时间随树龄不同而异，一般5年生以内的幼树，花果期稍晚，随着树龄的增加，花果期逐渐提前，产量也逐步提高。宁夏枸杞产区将6～8月份成熟的果称为夏果，9～10月份成熟的果称为秋果。一般夏果产量高、质量好；秋果因气候条件差，所以产量低，品质也不及夏果。天津的静海、大城、青县等地，有春、夏、秋果之分，由于夏季雨量多，夏果落果、烂果现象严重，所以生产中需通过管理措施保春果和秋果。

（三）对环境条件的要求

1. 温度 枸杞对环境温度适应性强，喜凉爽气候又耐寒。枸杞种子发芽的最适宜温度为 20℃～25℃。枸杞能在绝对最低气温 -41.5℃、绝对最高气温 42.9℃条件下存活。

2. 阳光 枸杞喜光，属强光性植物，光照强弱和日照长短直接影响枸杞的生长和发育。枸杞为长日照植物，要求全年日照时数 2 600～3 100 小时。枸杞在全光照下生长迅速，发育健壮，产量高，品质好。

3. 土壤 枸杞对土壤要求不严格，能耐碱、耐肥、抗旱，但怕积水。枸杞在土壤含钙量高，有机质少，含盐量 0.3% 以上，pH 值 7～8.5 的沙壤、轻壤和白僵土上栽植，甚至在 pH 值为 10 的土壤上也能生长。枸杞在疏松肥沃、地势高燥、排水良好、pH 值为 8.5 的沙质壤土上生长良好。

4. 水分 枸杞根系发达，能深入地下 5～6 米吸收水分，所以比较耐干旱，土壤相对含水量保持在 18%～22% 为宜。此外，枸杞叶片的组织结构比较特殊，栅栏组织很发达，细胞间隙小，使叶面水分蒸发受到限制，有利于保持水分，所以对干旱有较强的抵抗力。但生产中为获得高产，应保证水分供给，尤其在开花结果期更要保证充足水分，否则会引起落花落果现象，降低果实的产量和品质。低洼积水会引起枸杞烂根死亡。

第二章
枸杞优良品种

宁夏枸杞在长期栽培过程中已形成了 20 多个品种。我国枸杞栽培品种主要有宁杞 1 号、宁杞 2 号、宁杞 3 号、宁杞 4 号、大麻叶、小麻叶、蒙杞 1 号等，其次还有黄果枸杞、白条枸杞、尖头黄叶枸杞和圆果枸杞等。其中性状比较稳定，分布较为普遍，单产较高的有宁杞 1 号、宁杞 2 号、大麻叶和小麻叶等 12 个品种。综合性状比较优良的有宁杞 1 号、宁杞 2 号、大麻叶等。

一、品种类型

根据枸杞各个品种的植株长相和果实形态等特征，结合当地药农的习惯称谓，枸杞大致可分为 3 种树形和 3 个果形。

（一）按树形划分

一般大致可分硬条型、软条型和半软条型 3 种。

1. 硬条型　枝条短而硬直，平展或斜伸，枝长一般 20～40 厘米。树干上针刺多，结果枝也长许多针刺。这些特点使枸杞树体外观架形坚挺，当地药农称这一类枸杞为"硬架杞"。主要品种有白条枸杞和卷叶枸杞等。

2. 软条型　枝条长而软，几乎垂直于地。枝长一般 50～80 厘米，枝条上的针刺多少不一。这些特点使枸杞树形在外观上呈柔软姿态，当地药农称这一类枸杞为"软条杞"。主要品种有尖头黄叶枸杞、圆头枸杞、圆头黄叶枸杞和尖头圆果枸杞等。

3. 半软条型 枝条的形状和长度介于硬条型、软条型之间，一般呈弧垂状，长 35～55 厘米，枝条针刺少，结果枝粗壮。主要品种有小麻叶枸杞、大麻叶枸杞、宁杞 1 号、宁杞 2 号、圆果枸杞和黄果枸杞等。

（二）按果形划分

主要是根据枸杞果长与果径的比值大小来划分，比值大于 2 的划分为长果类，比值小于 2 的划分为短果类，比值小于 1.5 的划分为圆果类。

1. 长果类 枸杞果身长达 2 厘米以上，近似于圆柱形或棱柱形。一般是两端尖，有的是先端圆。果长一般为果径的 2～2.5 倍。

2. 短果类 枸杞果形与长果类相似，但果身略短。先端钝尖或平或微凹。果长一般为果径的 1.5～2 倍。这一类枸杞果色黄，因此兼有黄果之称。

3. 圆果类 枸杞果身圆形或卵圆形，先端圆形或具短尖。果长一般为果径的 1～1.5 倍。

二、优良品种介绍

性状比较优良的宁夏枸杞品种有宁杞 1 号、宁杞 2 号、宁杞 3 号、宁杞 4 号、宁杞 5 号、大麻叶、宁杞菜 1 号等。这些品种的优点是枝干针刺少，结果能力强，产量高，千粒重大，优质果率高，果实中各种营养成分比较丰富，具有较强的抗根腐病能力。但缺点是易受蚜虫、食蝇、红瘿蚊、锈螨等害虫的危害。

1. 宁杞 1 号 宁夏农林科学院枸杞研究所 1987 年从当地优良品种大麻叶枸杞中选育出的高产、优质、适应性强的枸杞品种，已在宁夏、新疆、甘肃、内蒙古、湖北、陕西等省（自治区）推广种植。

（1）**形态特征** 结果枝粗壮，刺少，当年生枝青绿色，多年生枝褐白色，枝长 40～70 厘米，节间长 1.3～2.5 厘米，结果枝基部开始结果的距离为 6～15 厘米，节间 1.2 厘米。叶色深绿，质地较厚，老枝叶披针形，新枝叶条状披针形，叶长 4.65～8.6 厘米，叶宽 1.23～2.8 厘米。花瓣展开 1.5 厘米，冠长 1.6 厘米，花丝下部有圈稀疏的茸毛，花大。果实红色，果形柱状，表面光亮，腰部平直，先端钝尖或全尖，果身具 4～5 条纵棱，平均纵径 1.8～2.4 厘米，横径 0.8～1.2 厘米，果肉厚，内含种子 10～30 粒。果实鲜干比 4.37：1。

（2）**经济性状** 宁杞 1 号树势健壮，生长快，树冠开张，通风透光好，成花容易，坐果率高，丰产。扦插苗栽植当年即可挂果，栽后第二年干果产量可达到 275 千克 / 667 米^2。一般每 667 米^2 产 110～160 千克，管理好的可达 250～300 千克，一等果率 76%。鲜果千粒重 476～572 克，果肉厚平均 0.114 厘米，果实鲜干比平均为 4.37：1。种子占鲜果重的 5.08% 左右。宁夏地区夏季晴天拿食用碱处理鲜果后 3 天，即可以制干，干果色泽红润，果表有光泽。干果含总糖 54%，有免疫功能的枸杞多糖含量达到 3.34%，含维生素 C 约 19.06 毫克 / 100 克，类胡萝卜素约 1.29 克 / 千克，胡萝卜素约 6.35 毫克 / 100 克，甜菜碱约 0.93 克 / 100 克。耐挤压，果筐内适宜承载深度 35～40 厘米。干果商品等级出成率为：夏、秋果平均特级以上的为 56%～63.8%，甲级为 33%～37.7%，乙级以下为 10% 左右。

（3）**物候期** 在宁夏银川 4 月 22 日萌芽，4 月 24 日 1 年生枝现蕾，5 月 15 日当年生枝现蕾，6 月 7 日果实开始成熟，6 月 15 日进入盛果期，7 月 25 日发秋梢。

（4）**适应性** 宁杞 1 号适应性很强，在 pH 值高达 9～9.8、地下水位 90～100 厘米的淡灰钙土上仍生长良好。扦插苗可当年结果。栽后第六年每 667 米^2 产干果 274.7 千克，特级果率约 83.8%，甲级果率约 9.7%。

（5）**抗逆性** 植株抗根腐病能力强，对瘿螨、白粉病、根腐病抗性较强，但对于蚜虫、红瘿蚊、锈螨等害虫应加强预防，黑果病抗性较弱。阴雨后果表易起斑点。雨后不易裂果。喜光照，耐寒、耐旱，不耐阴、湿。

2. 宁杞2号

（1）**形态特征** 当年生枝条灰白色纵列明显，嫩枝梢端淡红白色，枝长50～80厘米，节间长1.4～3厘米；结果枝粗壮、针刺多，结果枝基部开始着果的距离是7～17厘米，节间长1.4厘米。分枝角度开张，架形硬，生长快，夏果产量低，秋果产量高。叶绿色，平均长1.6厘米，宽1厘米左右，老枝叶卵状披针形或披针形。花瓣展开1.6厘米左右，花冠平均长1.7厘米，花的下部有一圈浓浓的茸毛，花显大。果菱形，先端具一突尖，果长1.6～1.8厘米，果径1.4厘米左右，果肉较厚。

（2）**经济性状** 宁杞2号的树势特别强，生长快，树冠开张，通风透光好，果实鲜干比平均为4.38：1，鲜果千粒重平均590.5克。种子占鲜果重的6.77%左右。在较好的肥水条件下，宁杞2号是一个丰产型优良品种。一般每667米^{2}产量110～160千克，管理好的可达250～300千克，一等果率约76%。第六年每667米^{2}可产干果332.6千克。

（3）**物候期** 4月23日前后萌芽，随后几天1年生枝现蕾，5月中旬当年生枝现蕾，6月上旬果实开始成熟，6～9月份为盛果期，7月下旬至8月上旬陆续发出秋梢。降霜后开始落叶。

（4）**适应性** 植株对土壤适应性强，在沙壤、轻壤及黏土地上能生长，但最适宜在肥沃的沙壤或轻壤地上生长。

（5）**抗逆性** 植株抗根腐病能力强，对于蚜虫和红瘿蚊等害虫应加强预防。

3. 宁杞3号

（1）**形态特征** 结果枝生长快，枝长68.4厘米，节间长1.2～1.8厘米，针刺多，枝条密而短。新枝灰白色，嫩枝淡绿色。分枝角度开张，架形硬，夏果产量低，秋果产量高。叶色翠绿，质地较薄。老枝叶披针形或条状披针形，七寸枝叶倒卵状披针形或窄剑形，七寸枝叶片反卷下垂。果长卵圆形，果长 1.6～1.8 厘米，果宽 1.44 厘米左右，有金属光泽，果皮厚，表皮蜡质层薄，气孔少，内含种子 5～25 粒。

（2）**经济性状**　宁杞 3 号产量高，第四年平均每 667 米^{2}产干果 410.5 千克。鲜干果比平均为 4.68 : 1，鲜果含水量为 78.58% 左右。果粒大，制干困难，色泽差。

（3）**物候期**　4 月下旬萌芽，稍后几天 1 年生枝现蕾，5 月中旬当年生枝现蕾，6 月上旬果实开始成熟，6～9 月份为盛果期，7 月下旬发出秋梢。降霜后开始落叶。

（4）**适应性**　宁杞 3 号果皮厚，气孔少，不易制干，遇雨易裂果。

（5）**抗逆性**　抗瘿螨、锈螨、白粉病能力差，防治时间应提前。

4. 宁杞 4 号　即宁夏枸杞中宁大麻叶优系，是中宁县枸杞站从大麻叶有性繁育的单株中选育而成的一个优质、高产、适应性强的枸杞制干品种，具有生长快、抗逆性强、树形开张、易修剪、易成花、结果早等优点。

（1）**形态特征**　结果枝粗壮，刺少；当年生枝青灰色或青黄色；多年生枝灰褐色。枝长 35～55 厘米，节间长 1.3～2 厘米。结果枝基部开始着果距离为 7～15 厘米。叶绿色，质地较厚，老枝叶披针形或条状披针形，长 5～12 厘米，宽 0.8～1.4 厘米。幼果尖端渐尖，熟果尖端钝尖，果身圆或具棱，内含种子 17～35 粒。花瓣展开 1.3～1.4 厘米，针刺少，花冠长 1.5 厘米，花略小。

（2）**经济性状**　宁杞 4 号果长 1.8～2.2 厘米，果径 0.6～1 厘米，果肉厚，果实鲜干比平均 4.3 : 1，鲜果千粒重 589.2 克左右。栽植第四年平均每 667 米^{2}产干果 486.2 千克。特级果率平均为 71.5%。具有早产、丰产、优质的特点。

（3）**物候期**　4月下旬萌芽，花期为4月下旬至10月上旬，果实成熟期为5月下旬至10月中旬。

（4）**适应性**　适应性强，可在沙壤、轻壤或黏土地上种植。

（5）**抗逆性**　该品种抗逆性强，对多种病虫害有明显抗性。

5. 宁杞5号

（1）**形态特征**　树势强健，树体较大，枝条柔顺。1年生枝条黄灰色，嫩枝梢略有紫色条纹，当年生结果枝枝条梢部较细弱，梢的节间较长，结果枝细、软、长，但不影响采摘。节间长1.3～2.5厘米。有效结果枝70%长度集中在40～70厘米之间，老熟枝条的后1/3段偶具细弱小针刺，结果枝开始着果的距离8～15厘米，节间1.13厘米。叶色深灰绿色，质地较厚。老熟叶片青灰绿色，叶中脉平展；2年生老枝叶条状披针形，簇生；当年生枝叶互生、披针形、最宽处近中部，叶尖渐尖；当年生叶片长3～5厘米，长宽比4.12～4.38。花长平均1.8厘米，花瓣绽开直径1.6厘米左右。花柱超长、显著高于雄蕊花药，新鲜花药嫩白色、开裂但不散粉。花绽开后花冠裂片紫红色，盛花期花冠筒喉部鹅黄色，在裂片的紫色映衬下呈星形，花冠筒内壁淡黄色。花丝近基部有圈稠密茸毛，花萼2裂。鲜果橙红色，果表光亮，平均单果重1.1克，最大果重3.2克。鲜果果型指数2.2，果腰部平直，果身多不具棱，纵剖面近距圆形，先端钝圆，平均纵径2.54厘米，横径1.74厘米，果肉厚0.16厘米，内含种子15～40粒。

（2）**经济性状**　宁杞5号栽植6年后树高平均1.6米，根颈粗平均6.38厘米，树冠直径平均1.7米。枝形开张树体较紧凑，幼树期营养生长势强，需要两级摘心才能向生殖生长转化。1年生水平枝每节花果数约2.1个；当年生水平枝起始着果节位约8.2，每节花果数约0.9个；中等枝条剪截成枝力约4.5，非剪截枝条自然发枝力约10.4。70%的有效结果枝长度集中在40～70厘米之间。宁夏地区夏季晴天食用碱处理后4～5天可以制干。果实鲜干比4.3∶1，干果色泽红润果表有光泽，含总糖约56%，枸杞多糖约3.49%、胡萝卜素约 1.2 毫克 / 100 克、甜菜碱约 0.98 克。较耐挤压，果筐内适宜承载深度 30～35 厘米。每 667 米^{2}产量 240～260 千克，混等干果 269 粒 / 50 克，特优级果率 100% 左右。

（3）**物候期** 在宁夏银川 4 月 13 日萌芽，4 月 23 日 1 年生枝现蕾，5 月 11 日当年生枝现蕾，5 月 30 日果熟初期，6 月 9 日进入盛果期，7 月 16 日发秋梢。

（4）**适应性** 宁杞 5 号为雄性不育种质，无花粉，栽培时需配置授粉树，授粉树可以选宁杞 1 号、宁杞 4 号，混植方式 1：1～2 株间混植，生产园需放养蜜蜂。

（5）**抗逆性** 对瘿螨、白粉病、根腐病抗性较弱，对蓟马抗性强。雨后易裂果。喜光照，耐寒、耐旱，不耐阴、湿。

6. 大麻叶 大麻叶是宁夏原来的枸杞栽培中的传统品种，但丰产性低于宁杞 1 号和宁杞 2 号。

（1）**形态特征** 树皮灰褐色。当年生枝条青灰色，嫩枝梢端淡绿色，结果枝细长而软，呈弧垂生长，棘刺极少，平均枝长 30.5 厘米，节间长约 1.3 厘米。叶在 2 年生枝上簇生，条状披针形；当年生枝上单叶互生或后期有 2～3 枚并生的，卵状或椭圆状披针形。叶深绿色，叶肉厚。叶长 6～9 厘米，叶宽 1.5～2 厘米，厚约 0.5 毫米。花长约 1.67 厘米，花瓣绽开直径约 1.3 厘米，花丝近基部有稠密茸毛，花萼 2 裂。果实红色，顶端较尖，果身棒状。果实形状同宁杞 1 号相似，但比宁杞 1 号小。

（2）**经济性状** 在较好的肥水条件下是一个丰产型优良品种。该品种生长快，树冠开张，通风透光好。在 3～6 年生的盛产期内，单株产鲜果高达 24 千克，最高每 667 米^{2}产量达 450 千克，特级果出品率达 71.3%。在宁夏栽植 8 年后，树高 1.46 米，根颈粗 5.5 厘米，树冠直径 1.7 米。鲜果千粒重 450～510 克。大麻叶干果含维生素 C 约 19.55 毫克 / 100 克，胡萝卜素约 6.05 毫克 / 100 克，人体必需的 8 种氨基酸约 1.38 毫克 / 100 毫克，枸杞多糖约 1.07%。

（3）**物候期** 花期为 4 月下旬至 10 月上旬，果实成熟期为 5

月下旬至 10 月中旬。

（4）**适应性**　大麻叶对土壤的适应性强，可在沙壤、轻壤或黏土上种植。在宁夏 pH 值 9～9.8 及地下水 90～100 厘米的淡灰钙土上，扦插苗可当年结果。

（5）**抗逆性**　植株抗根腐能力低于宁杞 1 号、宁杞 2 号。对于蚜虫和红瘿蚊等害虫应加强预防。

7. 宁杞菜 1 号　宁杞菜 1 号是一个菜用枸杞品种。该品种具有较好的生产性状，生长量大，产菜量高，营养丰富，口感好，易繁殖，好栽培，易管理。是一个绿色无公害优质品种，可广泛应用到蔬菜生产领域。

（1）**形态特征**　植株丛状生长，枝长 50～100 厘米，当年生枝条灰白色，2 年生以上枝条灰褐色。叶单生，披针形或长椭圆披针形，叶长平均 6.8 厘米，叶宽平均 2.18 厘米。

（2）**经济性状**　宁杞菜 1 号生产周期长，产菜量高（每 667 米^{2}年产鲜菜平均 1 695 千克）。经宁夏测试中心分析表明，该品种营养丰富，富含 18 种氨基酸，粗蛋白质含量平均为 351.6 克／千克，脂肪平均为 26.3 克／千克，氨基酸总量平均为 244.7 克／千克，维生素 C 含量平均为 134.5 毫克／千克，钙含量平均为 631.4 毫克／千克，且纤维含量低，药食价值高。

（3）**物候期**　物候期早，在银川地区 3 月下旬萌芽，4 月上旬抽新枝，连续抽枝至 11 月上旬。

（4）**适应性**　适应性广，抗干旱、耐瘠薄。

（5）**抗逆性**　抗逆性强，抗病虫性强，不易感染病虫害。

第三章
枸杞育苗

枸杞栽培生产首先要育苗，枸杞育苗分为种子育苗和扦插育苗两种方法。

一、苗圃建设

（一）苗圃地选择

枸杞苗圃地应选择地势平坦、灌排方便、土质肥沃的沙壤土或轻壤土。pH 值为 7～8，即微碱性至碱性，土壤含盐量以 0.2% 以下为宜。要建立良好的排灌系统，以方便干旱少雨时引水灌溉。苗地的地下水位宜在 1.5 米以下。

（二）施 基 肥

枸杞是一种高耐肥植物。枸杞在苗期生长好坏，与苗圃中基肥有直接的关系。苗圃地育苗前施的基肥，以腐熟的农家肥为主，化肥为辅。基肥选用猪粪、鸡粪、牛粪、厩肥都可以。化肥选用磷酸二铵和硫酸钾两种。翻地前，在苗圃地撒入基肥。农家肥的施用量为每 667 米^{2}4 000～5 000 千克；磷酸二铵的用量为每 667 米^{2}10 千克；硫酸钾的用量为每 667 米^{2}5 千克。

（三）整地深翻

施足基肥后，首先要进行深翻和平整。入冬前深耕 1 次，耕深 25～30 厘米，翌年春播前再浅耕 1 次，耕深 15 厘米左右，以利于日后苗木根系生长发育。翻土完成后，可以适当晾晒 2～3 天。育苗前用耙子平整碎土 2 次，越平越好，土壤越细碎越好。然后清除杂草、石块等杂物。

二、育　苗

枸杞育苗有两种方式：一是种子育苗，二是扦插育苗。

（一）种子育苗

1. 种子采集　夏季采果期，选定杞园或单株采集所需要的枸杞品种种子。种子采集后用 30℃～60℃ 温水浸泡，搓揉种子，洗净后晾干备用。或将果实收获后阴干，存放于干燥冷凉的室内，至翌年 2 月中旬将果实捣碎，用水冲去果皮选出种子，加两倍细沙混匀堆于室内，经常翻动并保持湿润以待播种。

2. 作畦开沟　将育苗地做成长 4 米、宽 2 米的畦，畦间开宽 25～30 厘米、深 15～20 厘米的沟。畦面要平坦，土壤要充分细碎。然后在畦面上横向拉直线，沿着直线开沟，每隔 30～40 厘米开一行 2 厘米深的浅沟，作为播种沟。

3. 土壤消毒　在播种前准备好细沙土和消毒用的药剂，一般选用多菌灵或病毒虫菌统杀药剂。每 667 米^2 用细沙土 80 千克，用药量 300～400 克。备好药后将药剂倒入 1 千克水中搅拌均匀，再将药液倒入细沙土中，用铁锹拌匀。接着盖上塑料薄膜，焖土 24 小时，使药液浸入土壤。足够时间后，揭开薄膜，取出处理好的细沙土备用。

4. 拌种播种　枸杞播种时期在 3 月下旬或 7 月份，春播在 3 月下旬，夏播在7月份，农户多选择春季播种。播种时，加入相当于种子量6～7倍的拌药细河沙进行拌种。因为枸杞种粒细小，用细河沙拌种，可以使播种更加均匀。拌土后的种子置20℃室温下或用清水浸泡1昼夜进行催芽，待有30%种子露白时再行播种。把种子撒播在浅沟里，尽量做到细致均匀。播种的行距为30～40厘米。每667米²用种200～300克。播种完成后，还要将处理过的细沙土撒入播种沟中，覆土厚2～3厘米，不要太厚，以便杀灭苗圃地的金龟子、地老虎等破坏枸杞根系的害虫。最后，用脚踏实，使种子和深层土壤紧密接触，再盖草保湿。

5. 拨土覆膜 枸杞播种后要将播种沟两边的土拨开，拨开这些粗颗粒土的目的是防止它们滚入穴中，压住种子，阻碍种子发芽。拨平土壤也有利于盖膜提高地温。盖膜时由多人操作进行，一般由1～2人固定好一端，1人铺膜，1人铲土压边覆膜。在气温适宜的地方，播种时不用覆膜。

枸杞种子苗具有抗旱、抗盐碱的优势，并且种子苗的根系深广，风沙大的地方选择种子育苗，还可以起到防风固沙的作用。在管理上，种子育苗和扦插育苗一样。

（二）扦插育苗

枸杞硬枝扦插育苗的时间，一般在春季3月底至4月上旬进行。扦插之前要确定母本采穗圃。在枸杞园中选择品种好、长势好、无病虫害的地块儿，作为硬枝插穗的母本采穗圃。

1. 做畦 选择排水性能良好的沙壤土或壤土地做苗圃，扦插前深翻30～35厘米。将苗圃地的土壤整平，用耙子把土整碎。在苗床上按照长4米、宽1米、高20～25厘米的标准做扦插畦。起好畦后，将畦两旁的土用铁锨开出小沟，以便于扦插后压保温薄膜。

2. 插条采集 枸杞插条采集一般在3～4月份进行。插条在采穗圃中品质优良的成年母本树上采集。采集春季树液流动后萌芽放叶前的枝条。选1年生的徒长枝和已木质化的生长健壮的枝条。用修枝剪剪下 0.5～1 厘米粗的枝条。采穗完成后再修剪成插穗。剪成大约 15 厘米长的插穗，不能太长，也不能太短，以免影响插条的成活和发根。日后生长发芽的插条上端剪口要剪平，入土生根的插条下端剪削成楔形或剪成 45°倾斜。采集好的插穗，在扦插前还要经过处理。如果插穗条不能及时扦插入土，就必须挖插穗假植坑，将枝条埋入深土层中，以保持枝条的水分不流失，这样可以保存 1 周左右。

3. 插穗处理　枸杞扦插用的插条，可用生根激素（如萘乙酸）处理。首先，将生根激素溶解在酒精内，稀释到 15～20 毫克 / 千克，再将插穗入土生根部分放入生根液中，浸泡深度为 3～4 厘米，浸泡时间为 24 小时。

4. 扦插　用锹在已准备好的插畦上挖扦插沟，沟深 10～15 厘米，行距 40 厘米。沟挖好后，先在沟里浇水，待水渗下后，把浸泡过的枸杞插穗下口朝下插入沟里，株距为 15～17 厘米，插穗上口要露出畦面 3～4 厘米，而后填土踏实，再覆一层松土。为提高地温，使插穗早成活，北方地区扦插后可用可降解地膜覆盖畦面，温度适宜的地方不用覆膜。硬枝扦插育苗最大的优点是苗木能保持母本优良性状，结果早、产量高。无论是种子苗还是扦插苗，在覆膜后 15 天左右，都会长出新芽。

三、苗期管理

整个苗期大约为 1 年的时间。

（一）破　膜

枸杞苗木成活后，首先要破膜，以免高温灼伤小苗。扦插苗直接用手在插条处弄穿薄膜即可。种子苗就要用硬枝在即将出芽的地方插穿薄膜。之后不用揭开地膜，让它继续起到增加地温的作用。到高温季节来临时，地膜都会降解腐烂。

（二）间　苗

播种的枸杞苗高 7 厘米左右时进行第一次间苗，留苗株距约 7 厘米；第二次在 7 月中旬苗高 20～30 厘米时进行，留苗株距约 15 厘米。

育苗前土地已施足了基肥，因此在 4～6 月这段生长期内，不用太多的管理工作，让苗木自然生长即可。但是到了 7 月份苗木长到一定高度就应该进行一系列的管理工作。

（三）土肥水管理

1. 除草松土　当苗木高度达到 30 厘米左右时，进行第一次松土和除草，以免草的长势超过幼苗。第一次和第二次中耕除草时宜浅松土，深度 3～5 厘米，后期可深达 10 厘米。充分除草避免杂草抢夺肥料，传播病虫害。除草工作应掌握"除草早、除得净"的原则。松土结合除草工作进行。苗期除草和松土 2～3 次。

2. 施肥　为了幼苗更好地生长，在 5 月中下旬施 1 次肥，以促进根系生长，最好以磷肥为主、氮肥为辅。每 667 米^2 施用磷酸二铵 10 千克，尿素 5 千克。将肥料拌和均匀，撒施在枸杞植株周围即可。7 月中旬按照第一次施肥方法进行第二次追肥。以后应少追肥或不追肥。施肥后立即浇水。

3. 灌水　枸杞出苗后要保持土壤湿润，7 月份以前宜多浇水，8 月份以后应少浇水或不浇水。浇水从夏季到入冬前要进行 4～5 次。每次施肥之后都要浇水，漫灌和浇灌都可以，以浇透为好，以满足植株高温季节的生长需要。以良好的肥水条件促使苗木生长。

到 9～10 月份，管理好的育苗地苗木高度达 60 厘米以上，成为枝条旺盛的大苗木。

（四）整形修剪

1. 抹芽　当枸杞幼苗的基部长出侧枝时要把这些侧枝及时抹

除，以免它们争土争肥，妨碍主枝生长。用手将嫩芽抹除即可，稍老一些的幼枝，最好用修枝剪剪除。

2. 修剪 扦插的插穗新发出的枝芽长到 3～5 厘米时，选留 1 个健壮枝芽，其余枝芽用手抹掉。幼苗长到 40～50 厘米高时，主干上还会发生许多新侧枝，枸杞枝条太多会妨碍主干枝生长，应进行修剪。修剪时选择一个健壮的枝条做主干，基部枝全部剪除，侧枝也要适当修剪，以保证主干粗壮，并且上下均匀。可将近地面的枝条疏剪掉，将上部过长的侧枝在 20 厘米处短截。离地面 40 厘米以上的侧枝要适当选留，作为移栽后树冠的第一层主枝。苗木长到 60～70 厘米高时，要进行打顶，也叫摘心，以控制苗木生长高度。培养成有第一层侧枝的大苗、特级苗。

修剪后为保证苗木的营养供应，要施一次肥，以氮肥为主、磷肥为辅。将两种混合的肥料撒施在植株周围。一般每 667 米^2 施用尿素 15 千克、磷肥 5 千克。

（五）病虫害防治

枸杞苗期的病虫害重在防治。主要用 73% 克螨特乳油 2 000～2 500 倍液，10% 吡虫啉可湿性粉剂 1 000～1 500 倍液，每隔 7 天喷洒 1 次，连续喷洒 3 次，以防治蚜虫、瘿螨和锈螨。

（六）越冬管理

苗圃地的枸杞苗木在深秋季节叶片变黄，到霜冻之后叶片脱落，无须特别管理，可以在苗圃自然越冬。

第四章
枸杞建园和定植

枸杞播种或扦插之后，经过 1 年的培育，在翌年的 3～4 月份移栽定植。

一、建　园

（一）园址选择

虽然枸杞适应性很强，对土壤要求不严，在各种质地土壤上均能生长，但要实现优质高产目的，最好选择地势平坦，土层深厚，土质肥沃，通气性良好，灌排良好，周围空气清新，远离污染源，水质清洁的沙壤、轻壤或中壤土地块建园。土壤含盐量 0.5% 以下，pH 值 8.5 左右，土壤有机质含量最好在 1% 以上，地下水位保持在 1 米以下。根据园地大小和地势，排灌设施，将园地划分成 333～667 米^2（0.5～1 亩）的条状或块状小区，平整土地，做好隔水埂。

土壤不良的田地可先进行土壤改良后栽培枸杞，土壤改良的方法主要有以下几种。

1. 挖坑填沙法　对于盐碱比较严重的土地，最好按照行距、株距挖坑，坑的规格一般为 40 厘米×40 厘米×40 厘米（长×宽×深），将坑内的盐碱土壤挖出后，再填入沙土，浇水后再栽植枸杞。

2. 浇地松土法 栽植的上一年要浇足冬水，栽植后及时浇水，这样既可避免盐碱危害，又促使枸杞苗木生长。浇水后及时松土，通过这一措施，不仅可以提高土温，疏松土壤，保墒，减少水分蒸发，还能把早春初生长的杂草全部翻压在下面，这对减少树木死亡和促进幼树生长有显著效果。

3. 覆盖地表 适当利用废弃的有机物或种植地被植物覆盖土面，可以起到减少水分蒸发，抑制土壤返碱，减少地面径流，增加土壤有机质含量的作用。覆盖材料最好就地取材，以经济适用为原则，常用的有农作物秸秆、树叶、树皮等。

4. 增施有机肥 增施天然有机肥是改良盐碱土壤不可缺少的措施，是土壤改良的根本和巩固改盐效果的关键。多施有机肥料可使盐碱含量高、板结程度大的土壤变得疏松，土壤孔隙度增大，土壤保水、保肥能力增强。此外，有机肥料产生的有机酸还能部分中和土壤的碱性。总体来说，土壤有机质含量越高，抑制水、盐运动的作用就越强。增施磷肥也是缓解盐碱的好办法，一般采用增施过磷酸钙比较适宜。每 667 米^2 盐碱地施过磷酸钙 90～100 千克，最好与农家肥堆沤后混施，由于磷肥呈酸性，所以大量施入盐碱地后可以酸碱中和，减轻碱性，达到改良土壤的目的。

土壤盐碱化较重的地方，应在可以大量积累天然有机肥的秋冬季节，广泛组织人力进行堆肥、沤肥，采用多种形式制造和贮存有机肥料，为以后的盐碱地枸杞造林打下基础。

（二）园址规划

枸杞园选择好之后，首要的工作是进行规划。建园前做好规划设计及实施方案，主要内容包括建园规模、作业区划分、道路规划、灌溉系统规划、防护林规划、辅助设施建设、整地方式、建园模式、栽植密度、管理措施等。对枸杞园进行合理规划，重点要将大田改小田，划分为小区。

1. 作业区划分 枸杞园小区多为长方形，小区两头要留有转车道。每个小区中又可划成小块，每块以 500 米 ^{2} 左右为宜。同时削高垫低，平整土地，使地面保持水平，这样利于浇水深浅一致，避免枸杞苗木受旱或者受淹，并能够减轻盐碱危害，提高枸杞苗木成活率。

2. 灌溉系统规划 枸杞果园还要有健全的排灌系统，要具备引水灌溉的主渠、支渠，还要有排水沟。支渠和支沟的位置应分设在小区的各一端。两小区之间设一浇水沟，隔一小区设一排水沟，实行双灌双排，做到旱季能浇水，雨季能排水。

3. 道路规划 种植地四周，要设置四通八达的道路，方便运输。

4. 防护林规划 在地块儿与地块儿之间还应设置防护林网，起到防风沙的作用。

二、移栽定植

（一）定植时间

定植的时间一般在春季土壤解冻后，大约 3 月下旬至 4 月中旬这段时间。秋季栽植在苗木停止生长以后，落叶时进行栽种，栽后必须浇足水以利于早春成活。

（二）起 苗

起苗时选择生长健壮，具有 4 条以上直径 3 毫米的粗根和大量细根，苗高 0.6 米以上，地径 0.8 厘米以上，枝条充实，节间紧凑，无机械损伤，无病虫害的优质苗木。起苗时做到主根完整，少伤侧根。起苗后立即放在阴凉处，做好定植前的处理再定植。对于起苗后不能及时定植的苗木，挖 15～20 厘米深的假植槽，假植槽的长度和宽度，要根据假植苗的多少而定。挖好后，将树苗根系朝下，一棵一棵地埋入土中，再用脚将土踩实。在与第一排相隔 10 厘米处，挖第二排假植槽。深埋假植有利于保持植株水分，保证定植时苗木的成活率。假植应选择地势高、背阴的地方，最多保存苗木半个月左右。

（三）苗木定植前管理

1. 定植前修剪　苗木定植前要进行一次修剪。剪去根部以上的萌条和苗冠部位的徒长枝，促使苗木成活后发新枝。修剪根系包括剪除烂根、枯根、劈裂根及过长的根，对挖苗时挖伤的根要剪出平滑茬口，并用多菌灵消毒，以防栽后根部腐烂，影响成活。此外还要剪掉越冬时枯干的枝条。

修剪好的苗木根系要进行蘸泥浆处理，然后每50株一捆装入草袋，草袋下部填入少许锯末，洒水后捆好。用标签注明苗木品种、规格、产地、出圃日期、数量。运输途中要严防果实风干和霉烂。

2. 苗木浸泡　修剪后，准备好酒精和生根粉（萘乙酸）或者其他生根剂，先将萘乙酸溶解在酒精里，再稀释到15～20毫克/千克，放入苗木，浸泡12～24小时，或100毫克/千克萘乙酸溶液蘸根5秒钟，随后移栽。

3. 苗木分级　苗木起苗后立即放到阴凉处，并对苗木进行分级。调运的苗木质量要求达到一级标准，即苗高50厘米以上，地径0.7厘米以上，苗木根系数量多、健全、无伤根。

定植的枸杞树根系发育与苗木的根系基础有密切的关系。凡是苗木根系数量多、健全和伤根少的，苗木定植后发根快、长势旺，当年就能形成强壮的根系，有利于地上部分的良好发育。而苗木根系数量少，苗木出圃起苗时伤根多，栽后成活慢，成活率低，生长也相对缓慢。这是因为，根系越少，与土壤接触的根表面积越小，靠渗透进入根系的水分就越少，而地面上部的主干枝条不断向空气中散失水分，地下根系吸水不足以补偿地上部分向外散失的水分，地上枝干必然抽干死亡。只有根系与土壤接触的表面积大，与土壤接触紧密，才能吸收足够的水分，除补偿枝干失水蒸腾外，还能供应苗木发芽和叶片生长需要的水分，地上部分就能正常抽枝长叶，正常生长。定植的枸杞树新生根可以从主干侧根的任何部分长出，但新生根发生的数量有所不同。起苗时挖断的侧根处会形成愈伤组织，过去认为愈伤组织是产生新根的主要部分，但调查表明，如果栽前对伤根部分未用锋利的修枝剪进行修剪，愈伤组织形成困难，甚至没有新根产生。如果栽前对根系的伤口进行修剪，愈伤组织形成快，在断口 2～3 厘米范围内从根皮生出数量较多的新根，将来形成骨干根的可能性大。

（四）移栽定植

定植前按株距 1.5 米，行距 2 米规划定植穴。挖定植穴的大小规格为 40 厘米×40 厘米×40 厘米。挖出的表土和心土分别放在一边，然后在每个定植穴内先施入 2～3 千克充分腐熟的农家肥和 150 克氮磷钾复合肥，再填入心土，使心土与肥料混合均匀，然后填入表土，大约填 5 厘米厚的土，再放入枸杞苗木。操作时一个人扶苗，一个人填土。扶正苗木填表土至半坑，轻踏，提苗舒展根系后填表土至全坑，踏实，再填土略高于地面。此即"一提二踏三填土"。最后用脚踏实。栽苗深度，要求和原来苗圃中生长时的深度相一致。栽植后要及时浇水。

第五章

果园管理

枸杞定植后的经济寿命可达到 30 年左右，在管理上，第一年的管理技术与第二年以后的管理技术有较大差异。

一、定植苗当年管理

当年栽植的枸杞幼树在除草、施肥、修剪，以及抹芽等方面与成年枸杞林都不同，要细心呵护，才能在当年定植苗木上结出质优、量大的枸杞果。下面按时间顺序介绍栽植当年的枸杞园管理。

（一）4 月份杞园管理

定植后在 4 月中下旬进行一次浇春水。浇水方法主要是引水漫灌。栽植当年，苗木成活的迟早与浇水多少有直接关系。浇水以没过地面为准。

（二）5 月份杞园管理

5 月份枸杞苗木进入快速生长期，此期间的管理工作较多。

1. 除草　枸杞定植当年，由于株距和行距间空白地大，园内各类杂草生长快，因此必须做到及时除草，以免杂草抢光、抢肥。

2. 增设支撑杆　定植成活后，一些苗木幼嫩，不利于直立成长为主枝，这时需要人工给幼树设立支撑杆。具体做法是用直立的木棍顺根插入土中，扶直幼树主干枝，用绳索将主干枝绑在木棍上，使幼树直立生长。

3. 施促枝肥 追施促枝肥前先将杂草除干净。肥料以氮肥和磷肥为主，可施用尿素和磷酸二铵。氮肥和磷肥的配比量为1∶2，一般每667米²施用尿素5～10千克，磷酸二铵10～20千克。施肥时要将肥料均匀地撒在植株周围20厘米处，并用铁锹将肥料埋入土中，以利于根系充分快速地吸收。施肥后浇水，浇水可使肥料及时溶化以利于幼树的充分吸收，浇水方法仍然是漫灌。

（三）6月份杞园管理

1. 修剪 进入6月份要开始夏季修剪，培育第一层树冠。枸杞的修剪十分重要，它贯穿植株的整个生育期。修剪的目的就是要最大限度地改造和利用各类枝条，使所施用的肥料不因供给无用枝条而浪费，让尽可能多的枝条发挥出最大作用，达到迅速扩大树冠和增加结果枝条的目的。

当年栽植的幼树修剪重点是在6月份的夏季。这个月要修剪2～3次。对于无侧枝的苗木，在距地面55～60厘米处短截中心主干，促使植株在旺盛生长期内多长侧枝。对于在苗圃已形成一定侧枝的苗木，主要是选择3～4条侧枝作为主干枝，在距树中心12～15厘米处短截侧枝，诱发剪口处生长新枝，充实树冠。剩下枝条要根据角度而定，与主干枝角度小于30°的剪除；在30°～40°之间的，枝条稀少的可以留作果枝，枝条密集的应适当疏除；对于角度大于40°的枝条不剪不动。6月份的第二次及第三次修剪都按这个方法进行。

2. 施肥 当年栽植的幼树，在7月份就会开花，因此在开花之前的6月中下旬，施1次促花肥，选择优质氮肥（尿素）和优质磷肥（磷酸二铵）施撒。在施肥前，将地面杂草除干净。施肥时将肥料均匀地撒在植株周围23～25厘米处，并用铁锹将肥料埋入土中，以利于根系充分快速地吸收。施促花肥氮肥和磷肥的比例为1∶1。

因此每 667 米^{2}施用尿素 15～20 千克，磷酸二铵 15～20 千克。6
月份枸杞生长旺盛，需水量也增加，施肥之后浇水 1 次，以满足植
株对水的需求，同时促进肥料被迅速地吸收。但浇水要适量，不宜
长时间漫灌，以免造成土壤板结，阻碍根系发育。

3. 除草 夏季的杂草太多，枸杞园除草工作最好用除草机进行。
机耕除草速度快，节省劳动力成本，又有利于保持土壤的通风透气。

4. 病虫害防治 枸杞进入快速生长期后，危害枸杞生长的蚜
虫、瘿螨和锈螨就会对幼苗进行危害，这时可以选用 10% 吡虫啉可
湿性粉剂 2 000 倍液，全园喷洒 1 次，提前进行预防。如果植株已
感染了病虫害，可采用以下方法防治。

（1）瘿螨 瘿螨钻入叶片组织内吸食，危害嫩茎和叶片，被
害叶片形成黄绿色、圆形隆起的鼓包，叶片扭曲，不能生长，果实
产量和质量降低。一般 6 月份是瘿螨危害高峰期。防治瘿螨主要用
50% 二嗪磷乳油 2 000～2 500 倍液，喷洒叶面，最好采用低容量喷
雾法，保护叶片在展叶成长过程中不受瘿螨危害。如果发现症状，
每隔 7 天喷药 1 次，连续喷 2～3 次。

（2）锈螨 锈螨主要危害叶片，对枸杞生产危害很大。锈螨是
一种肉眼无法看见的螨虫，主要分布在叶片背面和叶主脉的两侧。
螨虫吮吸叶片汁液，叶片受害变硬、变厚，严重时整树变成为铁锈
色，使叶片失去光合作用的能力，造成叶片脱落，枸杞减产。防治
锈螨的方法是每年 6 月中下旬用 20% 哒螨灵乳油或 50% 二嗪磷乳
油 2 000～2 500 倍液喷洒叶面，每隔 7 天喷杀 1 次，连续喷 3～4
次可有效防治。

（四）7 月份杞园管理

7 月份是枸杞的旺盛生长时期，幼树发出的枝条越来越多，修
剪任务也更加繁重。这时也是树冠培养的关键时期，因此要注意树
冠的修剪方法。

1. 修剪培育树形 在生产中枸杞要形成标准树形。枸杞标准树

形称为三层楼树形。在高出地面 70 厘米处围绕中心干形成第一层树冠。第一层树冠围径最大，树冠上的主干枝有 3～5 条，经过修剪，树枝从树心到树梢分为四级，在每一级主干枝上，着生不同数量的结果枝。第一层和第二层树冠的间距为 40 厘米。第二层树冠上的主干枝也有 3～5 条，经过修剪这些主干枝都大致形成三级分枝，在主干枝的每一级分枝上着生不同数量的结果枝。第二层和第三层树冠的间距为 40 厘米。第三层树冠上的主干枝仍然是 3～5 条。第三层上的分枝一般修剪成两级。在这两级主干枝上，果枝自由地生长。这就形成了上小下大的三层楼树形。三层楼树形使结果枝条生长的空间越来越大，冠幅越来越小，树冠越来越紧凑，方便了各种营养的输送。因此，三层楼树形是优质高产树形。

7 月份枸杞必须修剪 2～3 次，这为翌年培育第一层树冠打下基础。6 月份的主干枝短截后经过 10～15 天的生长，可在剪口附近萌发出角度不同的 3～5 个枝条。修剪时，与主干角度小于 30° 的强壮枝及时剪除。对角度在 30°～40° 的强壮枝条，在 12～15 厘米处剪断，成为二级主干枝，在剪口处形成的枝条以后继续进行修剪。对角度大于 40° 的枝条不疏除、不短截，令其自然生长，留作结果枝。对于那些直立的徒长枝要剪除。当年栽植成活早的苗木，如果水肥条件好，经过夏季修剪，可以在树心两侧形成 2 级主干枝。

2. 浇水 7～8 月份要漫灌 2～3 次，浇水以没过畦面，浇透为准。因为这两个月天气炎热，地面蒸发量大。浇水时间可以根据土壤含水量和当年的雨水情况而定。土壤保水差，则多浇 1 次，排水差，则少浇 1 次。

3. 病虫害防治 通过 3 个月的精心管理，7 月中旬枸杞幼树长出花蕾，枸杞的花期为 3～5 天。第一天，花朵含苞欲放；第二天，花瓣盛开，呈紫色五角星形的小花朵；第三天，紫色渐渐变为白色；第 4～5 天呈褐色，花朵慢慢脱落，留下出果的果腔，之后结出青绿的幼果。枸杞进入花期，防虫很重要，选用广谱类高效杀螨剂 50% 溴螨酯乳油，配成 2 500～3 000 倍液，进行全园喷洒。在枸杞花期，幼树也比较容易出现锈螨、瘿螨和蚜虫，这些害虫对叶片造成严重危害，从7月中旬开始要及时预防，每隔7天喷药1次，连续喷3次就可达到满意效果。

4. 施肥 7月中下旬大部分枸杞植株已经开花出果，必须提供充足的肥料，促进果实发育。为了促进花果更好、更快地生长发育，这时应施促果肥。追肥前先将杂草除干净。施肥用优质的尿素和磷酸二铵。施肥方法同6月份，要注意每667米^{2}施用尿素15～20千克、磷酸二铵7.5～10千克。

（五）8～9月份杞园管理

8月份一些先开花的果子颜色逐渐由淡黄变为黄红色，再变成鲜红色，这时就可以采摘了。枸杞的采摘主要是人工采摘。采摘方法是一手扶果枝，一手轻捏果实，不能摘下果柄，损伤叶片。当年栽植的枸杞由于生长时间短，发枝开花相对较少，因此采果时间集中在8月中下旬至9月上旬这段时间，间隔7～9天采果1次，当年可采摘4～6次，采完为止。

（六）10月份杞园管理

在采果之后将幼龄枸杞当年生长的枝条剪短回缩，利于枝条加粗生长。在深秋季节必须重施1次基肥。选择优质的农家有机肥，猪粪、牛粪、羊粪都可以。施肥时，选择距离幼树根部20厘米处，围绕幼树挖施肥穴，施肥穴的深度在30厘米左右。挖穴之后，将肥料填入穴内，最后覆土盖平。施肥量每667米^{2}保持在2 500～3 000千克。此次施肥，既可以扩大树冠的生长，又能满足越冬时幼树对肥料的需要。施肥应该在当年10月下旬采果后进行。施肥后灌溉溶肥。

（七）11月份杞园管理

到了11月枸杞园进入冬季休眠期，这时要对全园进行1次冬季灌溉。浇水量以高出地面为好。冬灌对枸杞越冬十分重要，此次灌溉，不但给过冬幼树提供充足的水分，通过浇水还可以起到压碱的作用，使蒸发到地表的盐碱物质深入到深层土壤中，有利于幼树的扩冠和根系的发育。冬灌之后，枸杞植株基本停止生长，枸杞叶片大部分脱落，这时植株正式进入冬季休眠期。秋季施足了基肥，冬灌贮备了充分的水分，枸杞植株才可以安全越冬。

二、两年以上成年枸杞的管理

定植的枸杞从第二年开始，其生长习性和管理技术开始比较有规律，在一年四个季节中所要进行的挖园、中耕除草、灌溉、防虫、施基肥、地面追肥等管理工作每年都基本相同，不同的就是每年的树形、树冠培养，即三层楼形成之前每年的修剪技术不同。

（一）1～3月份杞园管理

在每年的1～3月份，必须进行冬季整形修剪和病虫害防治工作。

1. 修剪　冬季修剪起着整形和修剪的双重作用。这次修剪质量的好坏，对翌年枸杞的产量和质量影响很大。冬季修剪时，不用顾忌枸杞叶和果实，将枝条密集的地方适当剪除，使全树的主枝分布均匀。对于上一年栽植的植株，冬季修剪时以培养第一层树冠为主。修剪时在每个主干枝的10～20厘米处短截成为第一级主干枝，以利于翌年在剪口处萌发新枝。如果主干枝上已经有1～2个强壮枝，可在10～20厘米的范围内适当短截，作为主干枝的二级延长枝。对于树中心的直立枝，在13～20厘米处及时疏除，即摘心，这样便于在摘心处发新枝，扩大充实第一层树冠。短截角度大于30°的次强壮枝，在截枝处会发新枝培养成结果枝组，对斜生和已经弧垂的结果枝，不剪不动。

2. 病虫害防治　在冬眠期间，各种病原、虫、螨类，全部潜伏在枸杞越冬场所，这期间要从根本上进行病虫害的防治工作，为翌年枸杞的丰产打下基础。具体方法有两种。

（1）**烧毁残枝败叶及病虫果**　冬季修剪后，把修剪下来的各种枝条、残留病虫果、园中杂草带出枸杞园，集中烧毁。这种做法对降低蚜虫、瘿螨、锈螨的数量，效果很好，对降低其他病虫害也有明显效果。

（2）**喷洒石硫合剂**　在 3 月下旬用杀菌剂石硫合剂 30 倍液，或者 40.7% 毒死蜱乳油 1 000 倍液，对树冠、地面、田边、地埂、杂草进行全面喷雾，有明显降低病菌、虫卵越冬基数的作用，对杀死螨锈病和白粉病病菌有良好的效果。

（二）4～5 月份杞园管理

1. 修剪　到 4 月份开春时枸杞即将萌芽，新梢即将生长。全园首先进行 1 次春季修剪，以利于树体更快更好地长出新枝。春季修剪主要是剪除干枝、枯枝和旁生刺枝。经过 1 个冬天的损耗，一些小的、低垂的枝条会出现干枝的情况。春季修剪时，首先是剪短垂落的干枝，使整个树冠回缩，有利于开春之后再发新枝。其次是剪去针刺枝。在果枝上着生有许多针刺枝，这些针刺枝在采果季节容易扎伤手和枸杞果实，同时针刺枝太多会影响开春后新果枝生长，因此，春天必须剪去这些针刺枝。

2. 中耕除草　枸杞园行间距较大，给杂草留下了充足的生长空间，所以枸杞园中耕除草的任务十分繁重。从 5 月中下旬开始，基本上每个月要保持除草 1 次，以保证枸杞的生长。在挖园的季节，除草也可以结合挖园进行。

3. 浅翻春园　5 月下旬用铁锨浅翻枸杞园，翻土的深度在 8～13 厘米，在枸杞植株周围翻土深度要求在 8～10 厘米，翻土时兼顾除草。在两行之间浅翻枸杞园，可以达到提高地温、疏松土壤、保持土壤墒情、减少水分蒸发的作用，还能把早春生长的杂草全部翻压在下面。

4. 灌溉 5月末进行1次全园浇水，此时枸杞春梢生长旺盛，叶面积迅速扩大，枸杞植株对水分的要求十分迫切。在北方黄河流域有条件的地区多利用水渠，采用引水漫灌的方式。浇水一定要浇透土壤。

（三）6～9月份杞园管理

1. 翻园 在初夏的6月上旬翻晒枸杞园。这时正处于枝条生长期，通过翻晒，可以兼顾除草，改善通气条件，减少水分蒸发，协调根系水分和肥力，协调通气性和热量，促使养分吸收，保证春枝生长壮。翻园时用铁锨在树冠下浅翻，行间要深翻，翻晒深度为10～15厘米。

2. 追肥 6月中旬进行第一次地面追肥。施肥前先除净杂草，再将肥料混合拌匀，先将肥料撒在枸杞树周围20厘米处，再用铁锨将肥料埋入土中。氮、磷、钾三种肥料混合施用，混合比例为1：0.7：0.25。具体的施肥量为每生产100千克干枸杞施纯氮肥30～38千克、五氧化二磷25～28千克、氧化钾7～8.5千克。第一次施肥量占全年施肥量的30%。7月下旬进行第二次地面追肥，将氮肥和磷肥混合，比例为1：0.8，施用时将肥料撒施在植株周围10～15厘米处，一般每667米^{2}施用氮肥25千克、磷肥20千克，这次施肥量占全年的20%。

3. 灌溉 6月底枸杞树体发育快，开花、结果和果实成熟的需水量大。此时气温迅速升高，叶片蒸腾强度大。这时必须全园浇水1次。7～8月份要浇水3次。

4. 修剪 夏季修剪主要是处理好不结果的徒长枝和着生果实少但争夺养分能力强的强壮枝。对于离中心干近的个别徒长枝，可以留作新的树冠层的中心干，其余徒长枝要及时全部疏除，并且疏除时间尽量早。对于强壮枝，凡是与中心干夹角小于30°的要及时疏除。与中心干夹角在35°～45°的枝条一般在10～20厘米处进行短截，以诱发二级主干枝。

5. 病虫害防治　主要防治锈螨、瘿螨等虫害及根腐病、白粉病等病害。锈螨、瘿螨的病害防治见前述内容。

（1）根腐病　枸杞根腐病主要危害植株根部及茎基部。病株地上部表现为叶片发黄、萎垂；地下部根、茎部分及染病的根须变成黑褐色。根腐病容易导致枸杞植株死亡，通常在地势低洼、排水不良的田块发病较重。可在8月中下旬用70%代森锰锌可湿性粉剂30倍液淋施病株根部。施药时扒开表土，直接淋到病根上最有效。但扒土时，不要伤及根须。每隔5～7天淋施1次，共淋施3～4次，能有效地控制根腐病。在常发病的田块提倡轮作，可以从根本上有效消除根腐病。

（2）白粉病　枸杞白粉病发生在枸杞叶片上，危害枸杞的叶梢和幼果，发病时间在每年的8～9月份。严重时，叶片正面布满一层白粉，植株外现看上去一片白色。最后叶片逐渐变黄、变薄、脱落。可在容易发病的地块及早喷药预防。发病后选用15%三唑酮可湿性粉剂1 000～1 200倍液进行喷药防治。喷药一定要充足均匀。一般隔7～10天再喷1次，可以有效控制白粉病。

（四）10～11月份杞园管理

1. 施肥与灌溉　第三次追肥与第二次追肥相隔将近两个月，第三次追肥时间应在白露前后。这时处于秋果的花期，充足的肥料才能保证秋天果枝、花和果实的正常发育。肥料仍然以氮、磷、钾为主，其中氮肥每667米^{2}25千克、磷肥每667米^{2}15千克。两种肥料配合施用。第三次追肥占全年施肥的10%左右。在施肥后要浇水一次，称为浇白露水。白露前后正值果实的生长成熟期，需要充足的水分供应。因此这时必须漫灌1次。浇水以水位没过枸杞园土面为准。浇白露水也是枸杞1年生长期内的最后1次浇水。最后1次施肥是在10月中下旬采果后进行。肥料以有机肥为主，主要有腐熟的鸡粪、猪粪、羊粪、牛粪及植物残体。施用方法是在枸杞树冠的两侧15～20厘米处开挖施肥穴，深度一般在30～35厘米。如果上一年开施肥穴在植株的东西两侧，今年就在南北两侧开穴，便于枸杞四周的根系能均衡地吸收养分。开穴后，将肥料填入土中，每个施肥穴施 3 千克，每个植株共施用 6 千克，最后覆土盖平。基肥是树体全年需肥的基础，要求一定要深施，每 667 米^2 用量 3 500～5 000 千克。基肥的施肥量占全年施肥量的 40%。

2. 翻园　秋季要进行 1 次深翻园。翻晒深度 25 厘米左右，但树冠下要翻 10～15 厘米，以防伤害根系。此时夏果已经采收结束，枸杞园经过长达 2 个月的采果，土地已经践踏僵硬，影响了根系通气生长。通过这次深翻可达到疏松土壤，增强通气性的目的，可为树冠输送更多的营养物质。

第六章

整形修剪

枸杞发枝力强，生长茂盛，具有每年多次开花结果的特性，若管理不善，整形和修剪不当，不但影响当年产量，而且使树势提前衰老。因此，合理地整形、修剪是枸杞丰产稳产的一项重要措施。整形修剪技术泛指通过改变地上部枝、芽的数量、位置、姿态等，使枸杞形成合理的树形结构，平衡生长与结果的关系。合理修剪可以培养牢固的树冠骨架，增强负荷能力；可以建造合理的个体和群体结构，改善通风透光条件；可以合理分配和利用树体内的水分和养分，提高枸杞生理活性；可以协调枸杞地上部和地下部，生长和结果，衰老和更新的关系，从而有助于枸杞达到早产、优质、高产、高效和便于管理的目的。

一、树冠特征及分枝规律

（一）树冠的组成

枸杞树冠从结构关系上，可以分为骨干枝、枝组或结果枝以及叶幕。

1. 骨干枝　构成树冠的骨架，支撑全树，决定树冠的形状。骨干枝包括主干、中央领导干（也称中心主干）、主枝和侧枝。从地面至第一主枝着生处的树杆为主干，主干上的延伸部分为中心主干。着生在主干或中心主干的大枝为主枝，着生在主枝上的大枝为侧枝。

2. 枝组或结果枝　着生在骨干枝的侧枝或着生在中心主干上能开花结果的枝条。

3. 叶幕　枸杞在生长季节，着生有许多叶片，构成树冠的叶幕，是进行光合作用、制造有机营养的主要部分。叶幕的形状和厚度随骨干枝、枝组的大小而变化，合理调节叶幕的形状和厚度，可以制造更多的有机营养，生产出更多且优质的枸杞。

（二）分枝规律

枝是组成树冠的重要部分，是长叶和开花结果的器官，是输送水分和养分的通道，也是保存养分的器官之一。枸杞枝条的名称很多，按其枝龄分为1年生枝、2年生枝和多年生枝；按其当年生枝条出现的迟早可分为春枝和秋枝；一个枝条按一年中抽生的次数可分一次枝、二次枝和三次枝。但这些枝条，按当年能否开花结实可分为两大类，即营养枝和结果枝。

1. 营养枝　传统栽培习惯上把营养枝称为徒长枝或"油条"。营养枝着生位置特殊，一般着生在根基部和树冠各种骨干枝条最高处的生长部位，与主干的夹角小，不超过20°，枝上只着生叶片，叶片小、薄，节间长，不开花。枝粗，日生长量大，枝条生长前期日平均生长量超过3厘米，不生侧芽。在生长后期随着枝条延长生长转慢，逐渐形成侧芽、侧枝，或者人为修剪破坏生长点，促发侧枝形成，是形成新一层树冠的主要枝条。营养枝在枸杞整个生长季节能随时从隐芽和不定芽处萌发，尤其是枸杞果枝两次生长初期萌发最多。

2. 结果枝　着生花芽和叶芽，当年能开花、结实的枝条。按结果习性又分为以下3种。

（1）老眼枝　是当年以前生长的结果枝，包括二年生结果枝和多年生结果枝。2年生结果枝又可分为2年生春结果枝和2年生秋结果枝。不同时间形成的老眼枝结果能力差异较大，2年生秋结果枝优于2年生春结果枝；2年生结果枝优于多年生结果枝。老眼枝结果数量一般比当年生枝少，但果实质量要优于当年生枝，是生产优质枸杞的枝条。老眼枝除生产果实外，还是当年生结果枝着生的母枝。

（2）**中间枝**　传统习惯又称为二混枝，它着生在较粗壮的侧枝上或树冠各类枝条次高处的生长部位。枝条比当年生果枝粗，比营养枝细。生长量比当年生果枝大，比营养枝小，是介于结果枝和营养枝之间的枝条。枝条斜生，枝条与主干的夹角大于20°，小于40°。枝条不用修剪，生长到一定长度，能自动形成侧芽和侧枝，花果主要着生在侧枝上，是较主要的结果枝，更是早期培养树冠所需的枝条。中间枝在整个生长季节能随时从定芽处萌发。这类枝在生产中又叫强壮枝。

（3）**当年生结果枝**　是构成枸杞产量的主要枝条。在传统的栽培习惯上把它称为七寸枝，七寸枝按照生产季节又可分为春七寸果枝和秋七寸果枝。

①春七寸果枝　枸杞老眼枝外围花芽形态分化结束后，老眼枝的中下部开始萌发出新的枝条。因各地气温不同，萌发生长的时间有先有后。在老产区中宁，春七寸枝萌发生长的时间是在4月下旬。5月中旬至6月上旬是春七寸果枝生长速度最快的时间。6月上旬末，枝条生长转慢，6月中旬末枝条基本停止生长。春七寸枝从开始生长到停止生长大约60天时间。春七寸枝多呈弧垂或斜生，枝条细弱，枝条长度40～80厘米，枝条一般在12～15节及以后每个叶腋形成1～5朵花。春七寸果枝是构成当年枸杞产量的主要枝条，一般优质高产的枸杞园，春七寸果枝产量占全年产量的45%～50%。

②秋七寸果枝　春季有一部分老眼枝由于花果负担大，只开花、结果，没有萌发出春七寸枝。这部分枝条采果结束后，一般休闲30天左右，各种养分积累到一定程度后，又能在枝条的中下部萌发出新的枝条，这部分枝条叫秋七寸果枝，斜生或弧垂。秋七寸

果枝生长时间短，从开始生长到停止生长大约 40 天时间，枝条短，一般 30 厘米左右，在枝条上同样形成一定数量的花朵，枝条比春七寸果枝更细弱。秋七寸枝也是重要的结果枝条，若在 8 月上旬萌发生长，则绝大部分能成熟、采收。若肥水条件差，老眼叶片保护不好，萌发生长晚，则会因早霜冻来临，成熟不够，影响收入。

（三）叶的生长规律

叶片是树冠的重要组成部分，是进行光合作用和制造有机养分的主要器官。叶片还有吸收、呼吸和蒸腾作用。枸杞在 1 年的生长季节里生理过程连续不断，因此树体上叶片数量、质量及分布情况与枸杞产量和质量关系特别密切。可见叶片质量的好坏对枸杞产量有决定性的影响，要提高枸杞经济产量，首先必须提高光合总产量。

（1）**老眼枝叶片** 4 月中旬展叶，每芽眼着生叶 5～8 片，一般叶面积发育需要 35～40 天。是枸杞树发育的第一批叶片，这部分叶片自展叶到落叶大约 200 天时间，是全树生长发育、枝条生长、花芽分化、果实成熟的基础，尤其是老眼果枝果实生长发育的主要营养来源。

（2）**春七寸枝叶片** 是随着春七寸枝的延长生长而出现，早期单叶互生，后期有三叶并生。这部分叶片数量的增加是从 4 月下旬至 8 月中旬，叶片自展叶到落叶 120～170 天时间。每片叶面积发育需要 35～40 天时间。一般是枝条中部叶片大而长，下部次之，稍部最小。这部分叶片主要承担着春七寸枝果实发育的营养供给。叶片发育的好坏，对春七寸枝花果数量、果实的大小起着至关重要的作用。

（3）**二混枝叶片** 这部分叶片没有固定的发育时间，发育时间的迟早决定于二混枝的留枝时间，它负责二混枝果实的发育。

（4）**秋七寸枝叶片** 是随着秋七寸枝的延长生长而出现，这部分叶片数量的增加是从 8 月中旬以后到 9 月中旬，叶面积的增加是从 8 月中旬以后到 10 月中旬。叶片发育时间短，叶面积比老眼枝、春七寸枝叶片要小，一般为老眼枝叶片的 2/5 大，光合面积小，但这部分叶片活性高，功能强，是秋七寸果枝、果实发育的主要有机来源。

初生的幼叶从展叶以后，就有了光合功能，当幼叶长到正常叶的 1/3 大小时，它所制造的营养已经能满足自身的需要，随着叶片不断长大，它所制造的光合产物开始向外输送，供应树体其他部分生长发育的需要。叶片含叶绿素多，光合强度大，墨绿色叶片比淡绿色叶片光合强度大几倍，叶龄增加则光合强度增大。枸杞叶片长至最大时光合能力最强，到达一定叶龄后，光合强度则随叶龄增大而降低。枸杞的叶片比较耐低温冷冻，一般不像其他果树，温度降到一定程度，叶片功能迅速衰退，变黄脱落，而是温度降至 0℃以下，叶柄产生离层直接脱落。如果在生产中发现叶片发黄，干枯落叶，要及时查找原因，不正常落叶对树体损伤极大，要尽量防止此现象发生。

要实现枸杞优质高产的目的，最主要的是要使枸杞和枸杞园既有最大的叶量，又要使每片叶片处于良好光照条件下，以截获最多的光能。这只有在其他措施配合下，运用正确的整形修剪措施，使枸杞和枸杞园具有良好的个体结构和群体结构才能做到。

二、整形修剪基本原理

（一）主要树形

为改善枸杞树体通透性，使树姿丰满完整，提高结果面，实现早产、丰产和稳产的目的，经过人们的不断实践，创造出自然半圆形、三层楼形等多种树形。

1. 自然半圆树形 根据枸杞自然生长的特点，经过第一年定干剪顶，第二、第三年培养基层，第四年放顶成形的修剪，将枸杞植株培养成低干、矮冠、结构紧凑的半圆形树形。株高 1.5 米，树体下层直径 1.6 米，上层冠幅 1.3 米，呈上小下大，各结果层次互不遮光；有 6～7 个主枝分两层着生在主干上，层间距 20 厘米；第一层 3～4 个主枝，第二层 3 个主枝，上下主枝着生方向依次错开不重叠，各主枝上着生 3～4 个侧枝，与主枝呈 30°～45°夹角，主、侧枝强壮，骨架稳定，单株结果枝 200 条左右。

2. 三层楼树形 经过人工逐年分层修剪而成，树形高大，成形后树高 1.8 米，树冠直径 1.7 米，有 10～12 个主枝分三层着生在主干上，树形美观，层次分明，立体结构好，结果枝条多，单株产量高，人们有"要看景致三层楼，花开四门枝枝稠"的说法。这种树形适宜于稀植，树体郁闭度较高，整形修剪烦琐，技术要求较高，如果修剪技术不到位，容易造成上强下弱树势。

（二）整形修剪原则

第一，培养和保持株丛拥有 15～20 个左右的骨干枝，保持株丛内良好的光照条件，剪去过密枝条。

第二，剪去基生枝全长的 1/3～1/2，培养成骨干枝，对骨干枝上的延长枝及新梢依据生长势强弱剪去顶端 3～5 个芽。

第三，为了培养寿命长及强壮的骨干枝，必须控制基生枝，因此修剪时要把它基部的芽抹去，但留作更新的芽要保留。

第四，对有虫害、受伤或太弱的枝条应及早除去，同时留新枝补充。

（三）修剪手法

1. 短截 剪去一个枝条的一部分，称短截。依剪截的程度划分为轻、中、重 3 级。其中只剪去枝条的 1/3 部分称轻短截，剪去枝条的 1/2 部分称为中短截，剪去枝条的 2/3 部分称重短截。正确运用截剪，可以根据需要促进分枝，复壮树势。

2. 疏剪 把一个枝全部剪除。疏剪可以使营养物质均匀地分配在剪口以下各个部分，促进下部枝条芽的萌发生长，尤其对同侧下部芽促进较大。疏剪是在休眠期和生长季节修剪时常用的手法，也是生长季节修剪常用手法，如徒长枝多采用此手法。

（四）四季修剪重点

传统的枸杞修剪按季节分为 3 次，即春剪、夏剪和秋剪。修剪的重点在秋剪和春剪，其中，秋剪承担着整形和修剪两大任务。现代的修剪按季节划分也是 3 次，即春剪、夏剪（又叫生长季节修剪）和冬剪（又叫休眠期修剪），修剪的重点在夏剪和冬剪。

1. 冬季修剪 在冬季枸杞落叶以后到春芽萌动前进行。冬剪时，营养物质已大部分转运至根、主干和大枝中保存，因此修剪损失的养分较少。冬剪后，地上部枝芽数量减少，早春萌芽时，剪口下枝芽所获得的水分和养分相对增加，因此一般萌芽力有所增加，是常规修剪的主要时期。此次修剪承担着整形和修剪的双重任务。冬剪是枸杞一年中最关键、彻底的修剪。冬剪的原则是"修横不修顺，去旧要留新；密处来修剪，缺处留壮枝；清膛截底修剪好，树冠圆满产量高"。冬季修剪一般按一定的顺序进行。

（1）清基 修剪时将枸杞根部生长的萌蘖徒长枝全部清除干净。

（2）剪顶 凡是超过预留高度，在冠顶上生长的直立枝和强壮枝，都要进行疏除或短截，以维持所需的高度。

（3）清膛 清膛是整个冬剪的重点。经过 1 年结果以后，结果初期枸杞在树冠上有许多影响树冠延伸的强壮枝和徒长枝；成年枸杞在冠层内有许多堵光、影响树势平衡的大中型强壮枝组和徒长枝。它们是清膛的重点对象，采用的手法以疏剪为主，短截为辅。通过清膛修剪，清理出清晰的层次。清膛的第二个对象是树膛内的串条及不结果或结果很少的老弱病残枝条，使树冠枝条上下通畅。

（4）修围 经过清膛修剪以后，整个树冠骨架基本清晰。刚结果枸杞一般很容易出现冠层强弱不均或者某一位置缺主、侧枝的情况。修围工作就是利用外围强壮枝，通过短截的方法，解决冠层强弱不均，冠层缺主、侧枝的问题，以达到扩大树冠的作用，对成年枸杞就是各冠层的果枝进行去旧留新的修剪。疏剪的主要对象是老弱枝、横条、病虫枝、伸出树冠的结果枝组和过密枝。短截的主要对象是有空间的强壮枝和部分中庸结果枝。修剪后要求各层分明，每一层的冠幅枝条疏密分布均匀，有一定的距离，通风透光良好。在枝条的取舍上，根据栽植的密度、肥力水平，因树修剪。对优质高产成龄枸杞树进行修剪后，结果枝数量以每株 130～160 枝为宜。

（5）**截底**　修围工作结束后，有的枝条仍接近地面，影响翌年生产，需要对距地面高度小于 35 厘米的枝条进行短截。

2. 春季修剪　在萌芽后到展叶前进行，主要任务是弥补冬剪不足，以及剪除果枝干尖与针刺。

3. 夏季修剪　夏季修剪由于时间跨春、夏、秋 3 季，这次修剪更准确的叫法应该是生产季节修剪，是枸杞整形修剪的又一次重点修剪。枸杞枝条顶端优势极为明显，整个生产季节在根部、主干以及骨干枝的最高处无时无刻不生长出徒长枝。这些徒长枝由于着生部位特殊，生长速度快，叶片小而薄，不能自养，要消耗大量的有机与无机养分。在生长季节的首要任务就是及时疏除徒长枝，保证留下的枝条能获得较多的养分。一般相隔 8～10 天进行 1 次。另外，对于生长季节前期生长的位置相对居中的徒长枝，如果需要再培养新树冠，可以通过短截的方法，培育出新的冠层。生长季节修剪的另一对象就是强壮枝。结果初期枸杞强壮枝多着生在主干上，与主枝的夹角小，是培养骨干枝的主要对象，通过多次短截，可以迅速扩大树冠，形成大量的结果枝条，因此是实现早产丰产的主要手段。盛果期枸杞强壮枝一般着生在骨干枝较高的位置，获得养分和水分的能力很强，通过及时采取疏除、摘心、短截等措施，充分利用有限的空间，增加结果枝条，拉长采果时间，从而实现剪去无用枝、改造中间枝、增加结果枝的夏季修剪目的。

三、枸杞各树龄的整形修剪

枸杞在移栽定植当年一般就能开花结实，当年进入生长结果期。此期由于正是树冠培养期，所以又把这一阶段叫结果初期。此期修剪目标是整形、扩冠、培育树形和提高产量同时并行。在结果初期，树体生长旺盛，发枝力强，通过摘心、短截强壮枝和徒长枝，1 年内能萌发 3～4 次枝，在培养好各级骨干枝、迅速扩冠的同时，培养结果枝和结果枝组，可获得培育树冠和增加产量的双重目的。结果初期，生产季节修剪的重点在保证加速扩冠和培养树形，休眠期修剪的重点在整形和修剪。要实现 4 年完成树体培养，第四年产量达到每 667 米^{2}400 千克以上的目标，修剪任务绝不能以一个时期的修剪为主，而是充分运用好全年的修剪，尤其是生产季节修剪。初果期枸杞树在树形的选择上，要根据栽植密度、施肥条件和修剪技术水平来确定，以有利于以后优质高产为原则。下面以最基础的高产树形三层楼形为例，介绍初果期枸杞树的修剪方法。

（一）第一年整形修剪

栽植在苗圃已形成一定侧枝的苗木，主要是选择 3～4 个位置比较合适、角度 30°～40° 的侧枝作为主枝，距主干 12～15 厘米处短截。剩下侧枝根据位置和枝条角度，有留有疏。栽植在苗圃无侧枝的苗木，距地面 55～60 厘米处定干，定干后在剪口下 10～15 厘米处的整形带内选 3～4 个分布均匀的强壮枝作第一层主枝，于 12～15 厘米处短截。

主枝短截后，经过一段时间会在剪口附近萌发出角度不同的 3～5 条枝。对角度小于 30° 的强壮枝及时进行疏剪，对角度在 30°～40° 的强壮枝条继续进行短截，短截长度 10～20 厘米，对角度大于 40° 的枝采取不疏不截，自然生长的措施，使其形成结果枝组。如果栽植当年苗木成活早，肥水条件好，那么骨干枝可形成二级侧枝，在休眠期再进行系统整形修剪 1 次即可。

（二）第二年整形修剪

继续在第一年选留的每个主枝上选 1～2 个强壮枝作主枝延长枝，在 13～20 厘米处摘心，扩大充实第一层，并及时疏除树冠和主干的直立枝，短截处理角度大于 30° 的次强壮枝，培养结果枝组，对斜生和弧垂的结果枝不剪不动。如果第一年枸杞树成活早，树冠已形成 3 级侧枝，在第二年 5 月下旬就要注意选留距主干最近的徒长枝作为中心干，比第一层高 40 厘米处摘心、封顶，培养第二层。如果第二年 5 月下旬第一层主枝没有形成三级侧枝，一般不考虑第二层，修剪和培养的重点放在第一层。生长季节后期的修剪方法和休眠期的整形方法与第一年相似。

（三）第三年整形修剪

对于上一年 5 月已进行摘心、封顶培育出的第二层树冠，在第二层树冠上选择 3～4 个角度 30°～40° 的强壮枝作为第二层的主枝，在距中心干 12～15 厘米处短截。其余枝条，凡是角度小于 30° 的强壮侧枝，全部疏除，凡是大于 40° 的中庸侧枝，也可进行中度短截，也可不剪不动。第二层主枝经过短截后，在剪口处一般可发出强壮程度不同的枝条 3～4 条。其中选择与中心干角度小于 40° 的强壮枝作为主枝延长枝，在 10～20 厘米处短截。与中心干夹角小于 40° 的直立枝、强壮枝及时进行疏除，以保证主枝延长枝正常生长，其余枝条先结果，待到休眠期修剪时再处理。

对于上一年没有培育出第二层树冠的单株，在第三年的 4 月份就要及时选择徒长枝，在第一层树冠之上 40 厘米处摘心、封顶，促发侧枝，培养第二层。培养的方法同上一年 5 月份形成的第二层树冠相同。第三年休眠期的修剪，整个冬剪的程序要全部应用。

第二年和第三年的枸杞修剪一般按照先整形后修剪的原则进

行，此期间枸杞修剪也可以按下面三步有序地进行。

1. 确定中心干　在高出第一层树冠上 40 厘米处，选择离树心最近的直立的徒长枝或者强壮枝，剪断枝顶，作为第二层的中心干。

2. 选留主干枝　第三年夏季修剪时在诱发的新枝条中选择 3～4 处的强壮枝，作为第二层的主干枝，将这些主干枝在距中心干 12～15 厘米处短截，诱发新生结果枝。

3. 培养主干延长枝，剪除多余徒长枝和强壮枝　主干枝经过短截后，在剪口处一般可以长出 3～4 条枝。选择与中心干呈 40°角左右的强壮枝条作为主干枝的延长枝，在 10～20 厘米处短截，诱发果枝。与中心干夹角小于 40°的直立枝、强壮枝全部剪除，保证主枝延长枝正常生长，以免树枝密集遮光，不利于果实生长。经过 1 个月的时间，主干枝的延长枝在剪口处发出新的结果枝。这时第二层的树冠的主干枝形成了三级，随着枝条的生长形成弧垂型。长势好的枸杞园，第二层楼树冠在第三年秋天就形成了。

（四）第四年整形修剪

主要任务是完善培育第二层树冠，加速第三层树冠的成形。第三层树冠的选留要在春季 4 月下旬至 5 月上旬进行，选择距主干位置最近的徒长枝作为中心干，长到比第二层树冠高 35～40 厘米处摘心、封顶，促发第三层树冠的形成。第四年修剪方法参照第三年修剪方法，修剪的重点在生长季节中后期的第三层树冠培育和休眠期的整形修剪。

第三层树冠的培育修剪也可以按下面 3 步进行。

1. 确立中心干　在高出第二层树冠 40 厘米处，选择距离第二层中心干最近的直立徒长枝或者强壮枝，剪断树顶，作为第三层的中心干。

2. 选留主干枝　枸杞经过一段时间的生长，到了第四年的夏季，在中心干剪口附近生长出 3～5 条新枝。在这些新发枝条中选择3～4条粗壮的枝条，在10～12厘米处剪断，成为第三级树冠的主干枝，也就是第一级主干枝。其余枝条全部剪除。

3. 培养主干延长枝，剪除徒长枝和强壮枝 经过2个月的生长，在主干枝剪口处发出3～4个新枝，选择粗壮的枝条，在10～15厘米处剪断，成为第一级主枝的延长枝，也就是第二级主枝。与中心干夹角小的徒长枝和多余的强壮枝全部剪掉。这样由一级主干枝、二级主干枝和结果枝组成的三层楼树冠就形成了。

经过4年的树体培育，树高1.6～1.7米、冠幅1.3～1.6米、分三层结果的三层楼形枸杞树已经形成。这种树形最大优点是层间距合适，层与层之间遮光少，空间立体结果能力强，结果枝多，叶面积系数大，光能利用好，适合以后优质高产。另外，这种树形容易根据栽植密度，修剪出合适的冠幅。培育这种树形需要特别注意的3个关键技术环节是：①关键是培育好第一层；②每层第一级主枝的选留长度不能超过15厘米；③每层主枝的第一级主枝角度不要大于40°。

（五）成年枸杞的整形修剪

进入第五年以后，枸杞园里三层楼树冠都形成了。每年的常规管理都一样，每年在春、夏、秋3季进行。春季修剪，主要剪去枯死的枝条。5～6月份进行夏季修剪，剪去徒长枝。8～9月份进行秋季修剪。若结果期长，秋季修剪期可以推迟。

秋季修剪是重点，主要是剪除老弱枝、横条及病虫危害的枝条，消除膛内串条和老弱枝，达到树冠枝条上下通畅，疏密分布均匀，通风透气的目的。如果树太高，不方便管理，修剪时要将树顶生长出的直立徒长枝剪掉。新枝密集处可以适当疏剪，扩充为第三层的树冠。对于侧生弧垂的果枝不剪不动。斜生的强壮枝一律剪掉。每年清理树堂内的干老枝条和结果能力差的枝条，使所留下的枝条，枝不挨枝，枝不搭枝，疏密合适，每株果枝总量控制在120～180条。

第七章

病虫害防治

枸杞病虫害防治是枸杞园管理的主要内容之一。枸杞产量的高低、质量的好坏，虽然与品种、肥料关系密切，但要实现安全、优质、高产的目的，关键还取决于病虫害的防治水平。

我国枸杞病虫害，目前已知600多种，其中病害50多种，虫害550多种，危害严重、影响较大的多达近百种。枸杞病虫害主要表现为侵害种子苗木、侵染蚕食叶片、侵伤枝干嫩茎嫩梢、伤害花器、侵害根部等部位，使叶、新梢、花器出现白粉、叶片变形、叶片颜色异常、叶片缺损、枝、梢、叶萎蔫枯死、枝梢干部出现孔洞、小枝丛生、枝干皮层破裂、干部出现纵向裂缝、器官畸形及苗木枯死而缺苗断垄等症状，乃至因使用农药而造成环境污染的严重危害。

枸杞是一种药食两用农产品，特别是枸杞的果实，不但是名贵的中药材，还是一种高级保健品、滋补品。在枸杞的生产过程中，由于虫害发生种类多，危害严重，常造成大面积减产，用化学农药进行防治是一种有效措施，但有些枸杞生产者，为了单纯追求经济利益，大量使用高毒、高残留农药进行防治，从而使生产出的枸杞产品农药超标，消费者食用枸杞后，不但不能治病和保健，反而对人体有害，结果严重影响了枸杞的销售价格和销售市场。

随着人们生活水平的提高，保健意识的增强，对安全优质保健品质量要求越来越高，消费者对枸杞产品农药残留、重金属、亚硝酸盐超标十分重视。特别是我国加入世界贸易组织以后，要实现枸杞大批量出口最关键的问题是解决果实中农药残留问题。为尽快适应市场需求，提高枸杞品牌的信誉，增强市场竞争力，争取更广阔的销售市场，必须进行枸杞无公害生产。

市场是一个有限的空间，这项工作谁进行的早，谁占领了市场，谁就获得了消费者的认可，谁就会获得可观的经济效益。提高枸杞质量，推行枸杞无公害生产，是国内外市场的形势所迫，是积极发展枸杞品牌的需要。

一、病虫害类型

引起枸杞病虫害的因素称为病原。病原分为寄生性（侵染性）和非寄生性（非侵染性）两大类。

（一）非侵染性病害

是由非生物因子引起的病害，如营养、水分、温度、光照和有毒物质等，阻碍植株的正常生长而出现不同病症。这些由环境条件不适而引起的果树病害不会相互传染，故又称为非传染性病害或生理性病害。这类病害主要包括环境因素如水分失调、大气干旱、温度、湿度不适、环境污染及化学伤害、土壤酸碱性异常、机械损伤等造成的病害，还包括营养不良如缺镁症、缺锰症、缺锌症、缺铁症、缺钙症、缺钾症、缺铜症、缺硼症等。

（二）侵染性病害

由生物侵染而引起的病害称为侵染性病害。由于侵染源的不同，又可分为真菌性病害、细菌性病害、病毒性病害、线虫性病害、植原体、虫害、寄生性种子植物病害等多种类型。由微生物真菌侵染造成的病害有锈病、叶斑病、白粉病、褐斑病、黑腐病、根腐病、炭疽病、灰斑病等。由微生物细菌及病毒侵染造成的病害有穿孔病、黄化病、枣疯病、花叶病、小叶病、流胶病、病毒病等。害虫可分食叶害虫、蛀干害虫和根部害虫（地下害虫）3类。侵染性病害的传染源包括田间病株、苗木、病株残体、落叶、病果、土壤、未腐熟的有机肥料。病原物侵入途径有直接侵入、自然孔口侵入、伤口侵入。病原物的传播方式有气流传播、水传播、昆虫传播及人为传播。

二、病虫害防治原则

枸杞病虫害防治要在"预防为主，科学控制，依法治理，促进健康"的指导原则下，根据枸杞病虫害发生发展的特点，综合运用人工、生物、物理、化学等各种方法，将其灾害控制在不妨碍经济效益的范围内。病虫害的预防控制要遵循如下基本原则。

第一，可持续发展的原则。要从生态学的观点出发，把病虫害预防控制当成一个病虫控制系统来处理。在整个经济林木的生产、栽培、管护等各个环节，妥善调控林木、病虫和环境（含天敌）三者之间的关系，压低、控制病虫种群，使其不形成灾害。

第二，管理措施为主的原则。要着重加强肥水、整枝管理，及时清除病叶、枯枝和病株残体，搞好枸杞园内卫生，促进植株健康生长，以增强抗病虫性，提高经济效益。

第三，安全第一的原则。这是由枸杞种植的特殊环境决定的。采取任何预防控制措施都应以不妨碍人体健康，保障人身和有益生物的安全为第一。

在枸杞无害化生产中，对病虫害的防治要以防为主，防治结合。以生物防治为主，化学防治为辅，保护天敌和有益微生物，保持生态平衡。在提高枸杞自身抗病虫能力的基础上，优先采用农业防治、生物防治、物理防治方法。只有当生物防治、农业防治手段在枸杞病虫害猖獗无法完全奏效的情况下，才可考虑选用一些高效低毒低残留的化学农药。同时严格掌握用药时间、浓度和次数，有针对性地在危害严重时进行喷施，并最好与生物农药交替使用，尽量减少化学农药的用药量，将病虫危害控制在经济损失允许范围之内。

三、虫害与防治

枸杞植株因茎叶繁茂、果汁甘甜而成为多虫寄主，据调查研究，枸杞害虫有十几种，且多是枸杞特有，如不及时加强防治，常造成枸杞严重减产，甚至无收。

枸杞又属连续花果植物，一年中多次开花，多次结果，主要病虫害1年发生多代，虫类同期、虫态生活史重叠现象极为普遍，防治难度大。

从目前生产上的危害严重程度来看，枸杞害虫主要是蚜虫、木虱、锈螨、瘿螨、负泥虫等。

枸杞虫害的发生蔓延，滋长危害必须具备3个条件，即虫（病）源、气候和寄主。也就是说，危害枸杞植株的某种害虫，在适宜它繁殖的气候条件与植株各器官生长发育阶段相适应时，这种害虫便会蚕食某一器官或吮吸这一器官的营养汁液并加速繁殖，直接影响到植株的营养生长和生殖生长。枸杞虫害一般防治方法如下。

第一，清园。清园就是要于萌芽前的3月上中旬及时清理园地，用钉耙、铁杈、木杈等工具将被剪下的枝条清除出园，并连同园地周边的枯枝落叶及杂草一并烧毁。调查发现，被清理后的枸杞园在4月20日前后每株蚜虫和瘿螨的虫口基数比没有清园的枸杞园减少37%。

第二，喷药浅耕。在害虫于土内羽化期的春季（3月下旬）实施园地喷洒无公害药剂（45%石硫合剂粉剂150～200倍液）后，立即浅耕（树冠下人工破土浅翻10～15厘米，树行间机械浅耙），将害虫的越冬土层翻到地表日晒杀死，药土翻到土内杀灭土内害虫，还同时起到松土保墒和灭草的作用。因为危害枸杞果实的红瘿蚊、实蝇均以老熟幼虫入土化蛹，茧内越冬，土壤 5～10 厘米的范围是它们的入蛰越冬场所。在气温达到 16℃以上，老眼枝现蕾期的 4 月中旬，它们羽化为成虫出土上树危害。危害的特点是成虫以产卵管插入幼蕾，在其中产卵，卵在花蕾内孵化为幼虫并于子房周围取食，使花蕾的花器呈盘状畸形而不能发育成果实，每个花蕾中幼虫达数十头，多者达百余头。由于危害主要发生在花蕾或幼果内，所以防治难度大。

第三，浇封闭水。在老眼枝现蕾前的 4 月 15～20 日，实施浇水封闭（此时正值浇头水），每 667 米^2 浇水量 60～70 米^3，田块浇满后不排水，待自然落干后，地表形成薄层板结，把即将羽化出土的害虫闷死在土内。此时切记不要松土，待到 5 月上中旬浇二水后再松土除草。采取这种方法来防治在土内越冬的害虫，效果很好。经调查，采用此种方法红瘿蚊危害花蕾数降低 89.5%，实蝇危害花蕾数降低 87.2%。虫害基本得到控制，有效提高了坐果率，同时也降低了防治成本。

第四，生物防治。生物防治法在枸杞害虫防治方面的应用正处于探索阶段，一方面人工饲养瓢虫和蚜茧蜂，在蚜虫发生季节集中施放获得了较好地防治效果；另一方面在土地充足的情况下，可采用枸杞与苜蓿间作或两条枸杞园中间种苜蓿的方式新建枸杞园，来培植专食蚜虫的小十三星、龟纹瓢虫等天敌，抑制害虫的大量发生。

（一）瘿 螨

1. 形态特征 成螨长圆锥形，体长 121～329 微米，橙黄色，近头胸部具足 2 对，故称四足螨，足末端均有 1 根羽毛状爪，躯体具 52～54 个环沟，有特长尾毛 1 对。幼螨圆锥形，略向下弯曲，体长 74～110 微米，浅白色，半透明。若螨形如成螨，唯体长较成螨短而比幼螨长，浅白色至浅黄色，半透明，卵近球形，39～42 微米，浅白色，透明。

2. 危害症状 枸杞瘿螨属叶部害虫，此虫为常发害虫，枸杞瘿螨危害枸杞的叶片、花蕾、幼果、嫩茎、花瓣及花柄，花蕾被害后不能开花结果，叶面不平整，严重时整株树木长势衰弱，脱果落叶，造成减产，受害严重的叶片有虫瘿 15～25 个。严重影响枸杞子的产量和质量。成若螨可刺吸叶片、嫩茎和果实。叶部被害后形成紫黑色痣状虫瘿，直径 1～7 毫米，虫瘿正面外缘为紫色环状，中心黄绿色，周边凹陷，背面凸起。虫瘿沿叶脉分布，中脉基部和侧脉中部分布最密。受害严重的叶片扭曲变形，顶端嫩叶卷曲膨大成拳头状，变成褐色提前脱落，造成秃顶枝条并停止生长。主要是嫩茎受害，在顶端叶芽处形成长 3～5 毫米的丘状虫瘿。

3. 发生规律　枸杞瘿螨又称大瘤瘿螨，分类上属蛛形纲、蜱螨目、瘿螨科。以成螨在枸杞树隙和腋芽内越冬，翌年 4 月份越冬成螨开始出蛰活动。每年 5、6 月份和 8、9 月份出现二次危害高峰，11 月份成螨开始越冬。1 年具体发生世代不详，通过对繁殖盛期分析，在甘肃 1 年发生应在 10 代以上。

4. 防治方法

（1）农业防治　种植不宜过密，使行间通风透光，既有利于抗病，还方便人工治虫；冬季修剪时剪去带病的枝梢，集中深埋或烧毁；扦插育苗时选用无病枝条，以减少虫源；异地引种前做好检疫。

（2）化学防治　4 月末枸杞未展叶前以及 5 月下旬开始抽夏梢期间采取以下药剂防治。① 40% 乐果乳油 800～1 000 倍液；② 在枸杞休眠期修剪后，萌芽前选用 3～5 波美度石硫合剂防治；③ 73% 克螨特乳油 2 000～3 000 倍液；④ 5% 唑螨酯胶悬剂 3 000 倍液；⑤ 20% 哒螨灵可湿性粉剂 4 000～5 000 倍液。对老枸杞园可喷 20% 氰戊菊酯乳油 2 000 倍液，或 40% 硫磺胶悬剂 300 倍液，或 1.8% 阿维菌素乳油 3 000～4 000 倍液，每隔 10 天喷 1 次，连续 2 次，效果都很好。

10～11 月份成螨越冬前及越冬后的 3～4 月份成螨大量出现期间采取以下药剂防治。① 30% 固体石硫合剂 150 倍液，或 50% 硫磺悬浮剂 300 倍液；②25% 噻螨酮乳油 2 000 倍液；③73% 克螨特乳油 2 000 倍液；④2.5% 联苯菊酯乳油 3 000 倍液喷雾，7～10 天喷施 1 次，连续防治 3～4 次。

（二）负泥虫

1. 形态特征 负泥虫肛门向上开口，粪便排出后堆积在虫体背上，故称负泥虫。是中国西北干旱和半干旱地区枸杞种植区主要的食叶性害虫。体长 5～6 毫米。头黑色，有强烈反光。头部刻点粗密，头顶平坦，中部有纵沟，中央有凹窝，头及前胸背板黑色。前胸背板近长圆筒形两侧中央溢入，背面中央近后缘处有凹陷，小盾片舌形，末端较直。前胸背板及小盾片蓝黑色，具明显金属光泽。触角 11 节，黑色棒状，第二节球形，第三节之后渐粗，长略大于宽。复眼硕大突出于两侧。腹面蓝黑色，有光泽。中、后胸刻点密，腹部则疏。足黄褐或红褐色，基节、腿节端部及胫节基部黑色，胫端、跗节及爪黑褐色。胸足 3 对，腹部各节的腹面有吸盘 1 对，用以身体紧贴叶面。鞘翅黄褐或红褐色，近基部稍宽，鞘端圆形，刻点粗大纵列，每鞘有 5 个近圆形黑斑，外缘内侧 3 斑，均较小，位肩胛 1/3 和 2/3 处，近鞘缝 2 斑较大，鞘翅鞘面斑点数量及大小变异甚大，斑纹可部分消失或全部消失。卵橙黄色，长圆形，长 1 毫米左右，孵化前呈黄褐色。幼虫体长 1～7 毫米，灰黄色或灰绿色，自己的排泄物背负于体背，使身体处于一种黏湿状态。负泥虫为暴食性食叶害虫，食性单一，主要危害枸杞的叶子，成虫、幼虫均嚼食叶片，幼虫危害比成虫严重，以三龄以上幼虫危害严重。

2. 危害症状 负泥虫属叶部害虫。幼虫食叶使叶片造成不规则缺刻或孔洞，严重时全部吃光，仅剩主脉，并在被害枝叶上到处排泄粪便，越冬成虫早春大量聚集在嫩芽上，致使枸杞不能正常抽枝发叶。

3. 发生规律 枸杞负泥虫以成虫及幼虫在枸杞根际附近的土下越冬，以成虫为主，占越冬虫量的 70% 左右，4 月下旬枸杞开始抽芽开花时负泥虫即开始活动。成虫寿命长及产卵期长是造成世代重叠的主要原因。卵产于嫩叶上，每卵块6～22粒不等，金黄色呈"人"字形排列。产卵量甚大，室内饲养平均每只雌虫产卵356粒。卵孵化率很高，通常在98%以上，且同一卵块孵化很整齐。一龄幼虫常群集在叶片背面取食，吃叶肉而留表皮，二龄后分散危害，虫屎到处污染叶片、枝条。幼虫老熟后入土3～5厘米处吐白丝和土粒结成棉絮状茧，化蛹其中。

卵历期因世代而异，第一代12～15天，第二代7～8天，其余各代5～6天。幼虫期7～10天，蛹历期8～12天。成虫寿命长短不一，平均91天。幼虫自5月上旬开始活动，此时危害常不明显，于7月上旬开始出现第二代，大量的成虫聚集产卵，8～9月份为负泥虫大量暴发时期。

4. 防治方法

（1）**农业防治** 每年结合修剪清洁枸杞园，尤其是田边、路边的枸杞根蘖苗和杂草，每年春季要彻底清除1次。

（2）**化学防治** 一般要选择中毒和低毒无污染的化学农药进行防治，在幼虫期进行防治效果很好。①用40%乐果乳油800～1000倍液；②20%氰戊菊酯乳油2000～2500倍液，或1.3%烟碱·苦参碱乳油1000倍进行喷洒；③2.5%溴氰菊酯乳油3000倍液均可收到较好的防治效果。

（三）蚜 虫

1. 形态特征 蚜虫俗称绿蜜、蜜虫、油汗。有翅胎生蚜成虫体长1.9毫米，黄绿色。头部黑色，眼瘤不明显。触角6节，黄色，第一至第二节深褐色，第六节端部长于基部，全长较头、胸之和长。前胸狭长与头等宽，中后胸较宽，黑色。足浅黄褐色，腿节和胫节末端及跗节色深。腹部黄褐色，腹管黑色圆筒形，腹末尾片两侧各具2根刚毛。无翅胎生蚜体较有翅蚜肥大，色浅黄，尾片亦浅黄色，两侧各具2～3根刚毛。

2. 危害症状　蚜虫为枝干性害虫，常群居在枸杞的顶梢、嫩芽、花蕾及青果等部位吮吸汁液，使受害枝叶卷缩，幼蕾萎缩，生长停滞。严重时叶、花、果表面全被它的分泌物所覆盖，影响光合作用，引起早期落叶，造成减产。

生产中施用氮肥过多时，植株生长过旺，受害重。

3. 发生规律　蚜虫以卵在枸杞枝条缝隙内越冬，翌年4月下旬日平均温度达14℃以上时卵孵化，孤雌胎生，繁殖2～3代后即出现有翅胎生蚜，飞迁扩散危害。5月中旬至7月中旬蚜虫密度最大，6月份是危害高峰期；8月份密度最小，9月份回升，危害秋梢，10月上旬为产卵盛期产生有性蚜，交配产卵。在夏、秋季节日平均温度达18℃时，7～8天就可繁殖1代，1年发生18～20代。

蚜虫在长城以北地区4月份枸杞发芽后开始危害，5月份盛发，大量成虫、若虫群集嫩梢、嫩芽上危害，进入炎夏虫口下降，入秋后又复上，9月份出现第二次高峰。

4. 防治方法

（1）农业防治　对枸杞蚜虫要进行预测预报，密切注意虫口数量。合理施肥，在枸杞病虫害防治上要注意增施有机肥，合理搭配氮、磷、钾肥，适量补充微量元素肥料、钙肥和特型肥（如硅、钙、镁、钾肥）。这样有利于促进枝本木质化，促进有机营养深度转化，不能停留在单糖的时间过长，增加细胞中的硅离子和钙离子，阻碍蚜虫刺吸汁液，降低蚜虫繁殖率。生育期及时摘心，破坏蚜虫充足的营养部分，减少取食范围，降低虫口密度。

（2）生物防治　保护利用天敌，蚜虫主要天敌有瓢虫、草蛉、食蚜蝇等。

（3）化学防治　发现蚜虫数量增加时立即喷洒50%抗蚜威可湿性粉剂2000倍液，或与40%乐果乳油1000倍液混合喷洒。也可单用35%卵虫净乳油1000～1500倍液，或10%吡虫啉可湿性粉剂1500倍液，或35%硫丹乳油1000倍液，防效较高。枸杞蚜虫易产生抗药性，要注意交替和轮换用药。

参考用药：3%啶虫脒乳油2 500～3 000倍液，或0.5%高效氯氰菊酯乳油2 000倍液，或3%啶虫脒乳油3 000倍液，或10%吡虫啉可湿性粉剂1 500～2 000倍液，或0.3%阿维菌素乳油1 500倍液，或3.4%苦参碱水剂800～1 200倍液，或25%噻虫嗪悬浮剂6 000～8 000倍液。

（四）木　虱

1. 形态特征　木虱成虫体长3.5～3.8毫米，翅展6毫米，形如小蝉，全体黄褐色至黑褐色，具橙黄色斑纹。复眼大，赤褐色。触角基节、末节黑色，余为黄色；末节尖端有毛，额前具乳头状颊突1对。前胸背板黄褐色至黑褐色，小盾片黄褐色。前中足节黑褐色，其余黄色，后足腿节略带黑色，余为黄色，胫节末端内侧具黑刺2个，外侧1个。腹部背面褐色，近基部具1条蜡白横带，十分醒目，是识别该虫重要特征之一。端部黄色，余为褐色。翅透明，脉纹简单，黄褐色。

木虱卵长0.3毫米，长椭圆形，具1个细如丝的柄，固着在叶上，酷似草蛉卵。橙黄色，柄短，密布在叶上别于草蛉卵。

木虱若虫扁平，固着在叶上，如似介壳虫。末龄若虫体长3毫米，宽1.5毫米。初孵时黄色，背上具褐斑2对，有的可见红色眼点，体缘具白缨毛。若虫长大，翅芽显露覆盖在身体前半部。

2. 危害症状　枸杞木虱属叶部害虫。枸杞木虱在枸杞叶背、嫩梢及芽上刺吸汁液，使叶片变黄。分泌蜜露使下层叶面有煤污病。植株长势衰退，枝瘦，叶片变黄，危害普遍。受害特重的植株到8月下旬即开始枯萎，青果发育受抑制，品质下降，对枸杞的生长和产量影响甚大。

3. 发生规律　枸杞木虱以成虫越冬，隐藏在寄主附近的土块下、墙缝里、落叶中及树干和树上残留的枯叶内。一般4月上旬开始活动，近距离跳跃或飞翔，在枸杞枝叶上刺吸取食，停息时翅端略上翘，常左右摇摆，肛门不时排出蜜露。在4月下旬枸杞开始抽芽开花时，木虱白天交尾后成虫开始寻找合适的叶片大量产卵，先抽丝成柄，卵密布叶的两面，一粒粒橙黄色的卵犹如一层黄粉，故有"黄疸"之称，期间约1个月。若虫自5月上旬开始活动，可爬动但不活泼，附着叶表或叶下刺吸危害，此时危害常不明显。6～7月份为盛发期，于7月上旬开始出现第二代，各期虫态均多，大量的成虫聚集产卵，严重时几乎每株每叶均有此虫。9月份为木虱大量暴发时期。1年发生3～4代，世代重叠。

4. 防治方法

（1）农业防治　在成虫越冬期破坏其越冬场所，清理枯枝落叶，减少越冬成虫数量。在春天成虫开始活动前，进行浇水或翻土，消灭部分虫源。

（2）生物防治　可以使用木虱的天敌多异瓢虫防治枸杞木虱。

（3）化学防治　在成、若虫高发期进行药剂防治。可用80%敌敌畏乳油、90%敌百虫粉剂1 000倍液，或50%辛硫磷乳油、25%噻嗪酮乳油1 000～1 500倍液，或1%阿维菌素乳油、2.5%高效氯氟氰菊酯乳油2 000～3 000倍液，或15%吡虫啉乳油、2.5%联苯菊酯乳油3 000～4 000倍液喷雾。

（五）实　蝇

1. 形态特征　枸杞实蝇成虫体长4.5～5毫米，翅展8～10毫米。头部橙黄色，复眼翠绿色，有黑纹，胸背漆黑色有光泽，中间有两条纵列白纹，有的个体在纵纹两侧还有两条横列白色短纹，与前纹相连成"北"字形。小盾片白色，周缘黑色。翅上有深褐色斑纹4条，一条沿前缘分布，其余3条由前缘斑纹分出斜达翅的后缘。亚前缘脉尖端转向前缘成直角，在直角内方有一小圆圈。腹部背面有3条白色横纹，第一、第二条被中线分割。雌成虫产卵管突出。

实蝇卵白色，长椭圆形。末龄幼虫体长5～6毫米，圆锥形，口钩黑色。前气门扇形，上有乳突10个，后气门上有呼吸裂孔2列，每列6个。蛹椭圆形，长5～6毫米，淡黄色至赤褐色。

2. 危害症状　枸杞实蝇成虫产卵于枸杞幼果皮肉，一般每果内产一卵。幼虫孵化后一直在果内生活，吸食果肉浆汁。被害果在早期看不出显著症状，后期果皮表面呈现极易识别的白色弯曲斑纹，直至果肉被吃空并布满虫粪。果农称枸杞实蝇危害的枸杞果为蛆果，一般不能作为商品或药用，失去经济价值。

3. 发生规律　宁夏1年生2～3代。以蛹在土内5～10厘米处越冬。

以成虫为例：第一代从5月中旬至6月中旬发生；第二代从7月上旬至8月上旬发生；第三代从8月中旬至9月中旬发生。9月中旬以后以蛹蛰伏在5～10厘米深的土中越冬，翌年5月中旬开始羽化出土，繁殖危害。

成虫羽化时间一般在早上6～9时，其飞翔力颇弱。一般仅能活动于原树上，在早晚温度较低时，成虫行动迟缓，中午温度升高后转为活泼。成虫无趋光性。成虫羽化后2～5天内交尾，受精雌虫2～5天开始产卵。卵产在落花后5～7天的幼果内的种皮上。被产卵管刺伤的幼果果皮伤口流出胶质物，并形成一个褐色乳状突起。普通是一果产一个卵，偶有一果产2～3个卵，但在果内能成活的只有1个幼虫。毕生生活在果内的幼虫，到了成熟期，在接近果柄处钻成1个圆形的孔，钻出脱落地面，爬行结合跳跃，寻找松软的土面或缝隙，钻入土内化蛹。

幼虫脱果多在黄昏时，少数在夜间。据观察，第三代蛹全部蛰伏土内越冬，不再羽化。10月上旬是入蛰盛期。第一、第二代也有部分蛰伏的，也就是说实蝇有多化性现象。

4. 防治方法

（1）农业防治　春季及时翻土暴晒，使蛹体生水，对减少虫密度有一定作用。摘果期，虫果集中采回深埋或烧毁，防止幼虫逃逸。

（2）化学防治　①4月底5月初，蛹未羽化前，可采用3%辛硫磷颗粒剂3～4千克/667米^2，或14%毒死蜱颗粒剂2～3千克/

667 米^2，或 5% 吡虫啉可湿性粉剂 500 克 / 667 米^2，或 25% 噻虫嗪可湿性粉剂 250 克 / 667 米^2。药剂拌土 1 500 克均匀撒施，浇水封闭，效果很好。②树上喷雾。用 40% 辛硫磷乳油、40% 毒死蜱乳油、45% 除虫菊素乳油 2 000 倍液喷雾，间隔期 10 天，采果期改用土壤施药，尽量少喷或不喷雾。

（六）锈　螨

枸杞锈螨是 20 世纪 80 年代发现并鉴定的锈螨型的瘿螨新种，对枸杞产量和质量影响很大，是枸杞生产中重点防治的害螨。

1. 形态特征　枸杞锈螨体态很小，体似胡萝卜形状，主要分布在叶片背面基部主脉两侧。

2. 危害症状　自若螨开始将口针刺入叶片，吮吸叶片汁液，使叶片营养条件恶化，光合作用降低，叶片变硬、变厚、变脆、弹力减弱，叶片颜色变为铁锈色。严重时整树老叶、新叶被害叶片表皮细胞坏死，叶片失绿，叶面变成铁锈色，失去光合能力，全部提前脱落，只有枝，没有叶。继而出现大量落花、落果，一般可造成减产 60% 左右。

3. 发生规律　枸杞锈螨以成螨在枝条芽眼处群集越冬。春季 4月上旬枸杞萌芽，成螨开始出蛰，迁移到叶片上进行危害，4 月下旬产卵，卵发育为原雌，以原雌进行繁殖。在锈叶脱落前成螨和若螨转移到枝条芽眼处越夏。秋季新叶出现后，成螨和若螨又转移到新叶危害并繁殖后代。10 月中下旬气温降到 10℃ 左右，成螨从叶面爬到枝条芽眼处群聚越冬。

枸杞锈螨从卵发育到成螨，完成 1 个世代平均为 12 天。生活史观察发现枸杞锈螨 1 年有 2 个繁殖高峰，即 6～7 月份的大高峰和 8～9 月份的小高峰。

4. 防治方法

（1）农业防治　枸杞锈螨发生的迟早和严重程度，在生产中与农业措施有紧密的关系，运用好农业措施，对减轻枸杞锈螨的危害有明显的作用。

枸杞锈螨以成螨在枝条芽眼处群聚越冬，在生产中可利用枸杞锈螨群聚在果枝上越冬的习性，在休眠期对病残枝进行疏剪，对果枝短截修剪，对于减少越冬锈螨基数有明显的作用。

①选择栽植抗螨品种，如大麻叶优系、宁杞1号；②增施有机肥，合理搭配磷、钾肥，增强树势，提高树体耐螨能力；③新建枸杞园避开村舍和大树旁；④抓关键防治时期。锈螨防治要抓两头和防中间。抓两头：一是抓春季出蛰初期，4月中下旬防治；二是抓10月中下旬入蛰前防治。防中间：主要防好繁殖高峰6月初之前和8月中旬的越夏出蛰转移期。

（2）**化学防治** ①10月中下旬越冬前用3～5波美度石硫合剂，4月中下旬出蛰期用50%溴螨酯乳油4000倍，或1.8%红白螨绝乳油2000～2500倍进行防治。②生产季节选用45%～50%硫磺胶悬剂120～150倍，或15%哒螨灵乳油2000～2500倍液。

（七）红 瘿 蚊

枸杞红瘿蚊是一种专门危害枸杞幼蕾的害虫。经它危害的幼蕾，失去开花结实的能力。近20年来宁夏产区该病的发生面积扩大，由此造成的经济损失也在加重。

1. 形态特征 枸杞红瘿蚊形似小蚊子。卵无色或淡橙色，常10～20粒产于幼蕾顶部内。幼虫初龄时无色，随着成熟至橙红色，扁圆。蛹黑红色产于树冠下土壤中。

2. 危害症状 被红瘿蚊产卵的幼蕾在卵孵化后开始被红瘿蚊幼虫咬食，被咬食后的幼蕾逐渐表现畸形症状。早期幼蕾纵向发育不明显，横向发育明显，被危害的幼蕾变圆变亮，使花蕾肿胀成虫瘿。后期花被变厚，撕裂不齐，呈深绿色，不能开花，最后枯腐干落。

3. 发生规律 枸杞红瘿蚊发育起点温度为7℃，在宁夏大致时间是4月10～15日。枸杞红瘿蚊每完成1代需要有效积温347.5℃，在宁夏全年发生代数约为6代。枸杞红瘿蚊每完成1个世代需要 22～27 天，即羽化后到产卵 2 天，卵期 2～4 天，幼虫危害期 11～13 天，蛹期 7～8 天。除第一代发育整齐外，其他各代世代交替发育比较明显。

4. 防治措施　防治枸杞红瘿蚊最关键的时期是越冬代成虫羽化期。

（1）农业防治

①剪除被害果枝或采摘被害幼蕾　一般 5 月中旬越冬代害虫危害的症状都已明显，成熟幼虫还没有落土作茧，要紧紧抓住这一有利时机。发生重、面积大的枸杞园，可采取剪去被害的老眼枝；发生重，面积小的枸杞园可采取摘除症状明显的危害幼蕾，对降低第一代虫口基数效果明显。

②羽化期浇水　可抑制羽化率 20%～40%。

（2）化学防治　以地面防治为主，树冠防治为辅，地面防治重点要抓好越冬老熟幼虫羽化前防治和其余各代幼虫落土到成虫羽化前防治。

①地面防治药剂　40% 辛硫磷乳剂，每 667 米 ^{2} 600 毫升，或 5% 辛硫磷颗粒剂每 667 米 ^{2} 2.5～3 千克，或 40% 毒死蜱乳油每 667 米 ^{2} 500～600 毫升，用药剂拌细湿土 60～100 千克，闷 10～12 小时，撒施于园中，树冠下多撒点，撒施后及时浇水。

②树冠防治　根据红瘿蚊发育周期选择在成虫产卵期进行防治。药剂有 40% 毒死蜱乳油 700 倍液加 10% 吡虫啉可湿性粉剂 1 500 倍液或 30% 顺氏氯氰菊酯乳油 1 000～1 500 倍液。

（八）蛀 果 蛾

1. 形态特征　成虫体长约 5 毫米，体淡红褐色。下唇须长，向上变曲，超过头须，第二节粗壮，第三节尖细。复眼绿褐色。触角丝状。前翅狭长，褐色，翅面有 8 个大小不等的黑色斑纹；后翅灰色，具密而长的黄白色缘毛。幼虫体长约 7 毫米，圆筒形，粉红色，头及胸足黑褐色。前胸盾板黑褐色，呈 2 个近三角形斑。腹部背中线、亚背线及气门线清楚，均为红色，臀板三角形。蛹体长约5毫米，红褐色。触角及翅芽达腹部第六节后缘。腹末背部有1个黑色小突起，具臀刺多根。

2. 危害症状　枸杞蛀果蛾以幼虫主要危害枸杞幼蕾、花及果实，也取食嫩叶、嫩梢，造成花、蕾脱落，嫩叶、嫩梢生长畸形或枯萎。果实受害时，被害果表面正常，但内部被蛀成虫道，易脱落，晒后变成黑色霉果，品质下降。大发生时枸杞果实被害率可达30%。

3. 发生规律　在宁夏1年发生3～4代，以老熟幼虫在树干皮缝处结茧越冬。翌年4月上旬，越冬代成虫开始出现，4月中下旬第一代幼虫蛀食枝梢或缀粘顶梢嫩叶取食。幼虫老熟后，在被害果蒂部或幼茎上咬一小孔脱出结茧化蛹。5月中下旬为第一代成虫盛发期；第二代幼虫6月份发生，以蛀食果实为主，7月上中旬出现成虫；7月下旬至8月上中旬为第三代幼虫危害期，也是全年危害最严重时期，8月下旬以后成虫羽化；第四代幼虫主要危害秋果和后期花蕾，10月中下旬老熟并陆续越冬。

4. 防治方法

（1）**农业防治**　冬季刮除树干皮缝中的越冬幼虫；春季剪除第一代幼虫危害的枝梢，消灭其中幼虫，以降低虫源量。

（2）**化学防治**　4月上中旬为第一代幼虫危害盛期，用90%敌百虫粉剂800～1 000倍液，或2.5%溴氰菊酯乳油3 000倍液，或20%氰戊菊酯乳油2 000倍液等喷雾，杀死枝梢部幼虫，控制第一代危害，减少二至三代发生量。

（九）东方蝼蛄

东方蝼蛄属地下害虫。

1. 形态特征　成虫体长30～35毫米，灰褐色，全身密布细毛。头圆锥形，触角丝状。前胸背板卵圆形，中间具1个暗红色长心脏形凹陷斑。前翅灰褐色，较短，仅达腹部中部。后翅扇形，较长，超过腹部末端。腹末具1对尾须。前足为开掘足，后足胫节背面内侧有 4 个距。

2. 主要习性

（1）**群集性**　初孵若虫有群集性，怕光、怕风、怕水。东方蝼蛄孵化后 3～6 天群集一起，以后分散危害；华北蝼蛄初孵若虫三龄后方才分散危害。

（2）**趋光性**　蝼蛄昼伏夜出，具有强烈的趋光性，故可用灯光诱杀。利用黑光灯，特别是在无月光的夜晚，可诱集大量东方蝼蛄，且雌性多于雄性。华北蝼蛄因身体笨重，飞翔力弱，诱量小，常落于灯下周围地面。但在风速小、气温较高、闷热将雨的夜晚，也能大量诱到。

（3）**趋化性**　蝼蛄对香、甜物质气味有趋性，特别嗜食煮至半熟的谷子、棉籽及炒香的豆饼、麦麸等。因此可制毒饵来诱杀。此外，蝼蛄对马粪、有机肥等未腐烂有机物有趋性，所以在堆积马粪、粪坑及有机质丰富的地方蝼蛄较多，可用毒粪进行诱杀。

（4）**趋湿性**　蝼蛄喜欢栖息在河岸渠旁、菜园地及轻度盐碱潮湿地，有"蝼蛄跑湿不跑干"之说。东方蝼蛄比华北蝼蛄更喜湿。东方蝼蛄喜欢潮湿，多集中在沿河两岸、池塘和沟渠附近产卵。产卵前先在 5～20 厘米深处做窝，窝中仅有 1 个长椭圆形卵室，雌虫在卵室周围约 30 厘米处另做窝隐蔽，每雌产卵 60～80 粒。

3. 危害症状　东方蝼蛄孵化 3～6 天后群集在一起，之后分散为害。成虫、若虫主要在土中活动，昼伏夜出，晚 9～11 时为活动取食高峰。成虫和若虫咬食播下的种子、幼苗根、幼芽和嫩茎，常常将幼苗咬断致死。受害根部呈乱麻状，地上部分形成枯心苗，逐渐变黄枯死。同时由于成虫和若虫在土下活动开掘隧道，使苗根和土壤分离，造成幼苗干枯死亡，致使苗床缺苗断垄。

4. 发生规律　东方蝼蛄在华中、陕西南部、长江流域及其以南各省每年发生 1 代，在华北、东北、西北 2 年左右完成 1 代，陕西中北部 1～2 年完成 1 代。以成虫或若虫在地下越冬，清明后上升到地表活动，在洞口可顶起一小堆虚土。早春或晚秋因气候凉爽，仅在表土层活动，不到地面上，在炎热的中午常潜至深土层。在黄淮地区越冬成虫5月份开始产卵，盛期为6～7月份，卵经15～28天孵化，若虫期长达400余天。当年孵化的若虫发育至4～7月龄后在40～60厘米深土中越冬，第二年春季恢复活动，至8月开始羽化为成虫。当年羽化的成虫少数可产卵，大部分越冬后至第二年才产卵。在黑龙江省，直冬成虫活动盛期约在6月上中旬，越冬若虫的羽化盛期约在8月中下旬。

5. 防治方法

（1）**农业防治**　①精耕细作，深耕多耙。②施用充分腐熟的农家肥。③有条件的地区实行水旱轮轮作。④人工捕捉成虫。⑤马粪诱杀。在田间挖30厘米²，深约20厘米的坑，内堆湿润马粪并盖草，每天清晨捕杀蝼蛄。⑥灯光诱杀。用黑光灯诱杀成虫。

（2）**化学防治**　①将5千克豆饼或麦麸炒香，或5千克秕谷煮熟晾至半干，再用90%敌百虫粉剂150克兑水，将毒饵拌潮。每667米²用毒饵1.5～2.5千克撒在地里或苗床上。②在蝼蛄危害严重的枸杞苗圃，每667米²用50%辛硫磷颗粒剂1～1.5千克与15～30千克细土混匀后，撒于地面并耙耕，或于栽沟施毒土。枸杞苗床受害重时，可用50%辛硫磷乳油800倍液灌洞杀灭害虫。

（十）金 龟 子

金龟子是一种杂食性害虫。除危害梨、桃、李、葡萄、苹果、柑橘等外，还危害柳、桑、樟、枸杞、枣树、核桃、女贞等林木。常见的有铜绿金龟子、朝鲜黑金龟子、茶色金龟子、暗黑金龟子等。金龟子是金龟子科昆虫的总称，全世界有超过26 000种，可以在除了南极洲以外的任何大陆发现。不同种类的金龟子生活于不同的环境，如沙漠、农地、森林和草地等。防治方法如下。

（1）**成虫防治**　一是人工捕捉，在成虫发生期和每晚取食交尾时进行。二是药剂防控，在成虫出土始盛期，喷洒50%辛硫磷乳油2 000倍液等。

（2）**幼虫防治**

①拌种　播种前用60%辛硫磷乳油加15倍水拌种，或药剂喷拌细土或细粪制成毒土或毒粪，播种时撒在播种沟内或施在苗床上覆土整平。

②药液灌根　出土或定苗后幼虫大量发生的地块或苗床，用80%敌敌畏乳油等1 000倍液，灌于苗木根部。

③施有机肥　施用充分腐熟的厩肥，没有熟透的厩肥不能用。

④生物防治　利用幼虫的寄生菌金龟子乳状杆菌防治。

（十一）小地老虎

1. 形态特征

（1）**成虫**　体长17～23毫米，翅展40～54毫米。头、胸部背面暗褐色，足褐色，前足胫、跗节外缘灰褐色，中后足各节末端有灰褐色环纹。前翅褐色，前缘区黑褐色，外缘以内多暗褐色。前翅基线褐色，黑色波浪形内横线双线，黑色环纹内有1个圆灰斑，肾状纹黑色具黑边，其外中部一楔形黑纹伸至外横线。前翅中横线暗褐色波浪形，双线波浪形外横线褐色，不规则锯齿形亚外缘线灰色，其内缘在中脉间有3个尖齿。前翅亚外缘线与外横线间在各脉上有小黑点，外缘线黑色，外横线与亚外缘线间淡褐色。亚外缘线以外黑褐色。后翅灰白色，纵脉及缘线褐色，腹部背面灰色。

（2）**卵**　馒头形，直径约0.5毫米，高约0.3毫米，具纵横隆线。初产卵乳白色，渐变黄色，孵化前卵一顶端具黑点。

（3）**幼虫**　圆筒形，老熟幼虫体长37～50毫米，宽5～6毫米。头部褐色，具黑褐色不规则网纹。体灰褐色至暗褐色，体表粗糙、散布大小不一而彼此分离的颗粒，背线、亚背线及气门线均黑褐色。前胸背板暗褐色，黄褐色臀板上具2条明显的深褐色纵带。胸足与腹足黄褐色。

（4）**蛹**　体长18～24毫米，宽6～7.5毫米，赤褐有光。口器与翅芽末端相齐，均伸达第四腹节后缘。腹部4～7节背面前缘中央深褐色，且有粗大的刻点，两侧的细小刻点延伸至气门附近，5～7节腹面前缘也有细小刻点。腹末端具短臀棘1对。

2. 防治方法

（1）**农业防治**　早春清除苗圃及周围杂草；搞好预测预报，适时开展防控；采用糖醋液、发酵变酸的水果、甘薯，加毒饵、新鲜泡桐叶等，有杀成虫或幼虫作用。

（2）**化学防治**　关键是抓好第一代幼虫一至三龄期的防控。可选用灭幼脲3号、氰戊菊酯、辛硫磷等多种杀虫剂防治。

四、病害与防治

（一）根　腐　病

枸杞根腐病发生普遍，危害严重，因病死亡植株每年在3%～5%，是枸杞生产中最主要的病害之一，给枸杞生产造成很大损失。

1. 病　症

（1）**根朽型**　根或根颈部发生不同程度腐朽、剥落现象，茎秆维管束变成褐色，潮湿时在病部长出白色或粉红色霉层。根朽型又可分小叶型和黄化型两种。

①小叶型　春季展叶时间晚，叶小、枝条矮化、花蕾和果实瘦小，常落蕾，严重时全株枯死。

②黄化型　叶片黄化，有萎蔫和不萎蔫现象，常大量落叶，严重时全株枯死，也有落叶后又萌发新叶，反复多次后枯死。

（2）**腐烂型**　根颈或枝干的皮层变褐色或黑色腐烂，维管束变为褐色。叶尖开始时黄色，后逐渐枯焦，向上反卷，当腐烂皮层环绕树干时，病部以上叶片全部脱落，树干枯死，有的则是叶片突然萎蔫枯死，枯叶仍挂在树上。这种现象多发生在7～8月份的高温季节。

上述各种类型，也常表现为半边树冠发病、半边枯萎或仅一枝条发病和枯萎。有的树干病死，而在树根颈部又长出新的蘖生苗。

2. 病原　茄类镰孢，属半知菌亚门真菌。病原菌产生大小两种类型的分生孢子。大型分生孢子无色，镰刀状，多胞具隔；小型分生孢子无色，卵圆形，单胞。

病原物在寄主组织的输导组织中生长发育，大量繁殖，直接堵塞输导组织。或者由病原物产生的酶对寄主胞壁物质作用，形成某些化学产物，如凝胶类、多糖类物质堵塞输水组织。

3. 发生规律　病菌留在土壤中越冬，翌年条件适宜时，随时可侵入根部或根茎部引起发病，一般4月份至6月中下旬开始发生，7～8月份扩展。①越冬：病菌以菌丝体和厚垣孢子在土壤中越冬。②传播：灌溉水、雨水溅射及肥料施用等传播。③侵入途径：伤口。④潜育期：寄主创伤条件下致病3～5天，而未受伤时约为19天。

4. 发病条件　①地势低洼积水、土壤水分过多、土壤黏重、耕作粗放，发病重。②多雨年份、光照不足、种植过密、修剪不当发病重。③肥水管理不当，施肥不足或偏施、过施氮肥，或施用未充分腐熟的有机肥，容易诱发本病。④病原为弱寄生菌，在寄主生长势减弱时危害重。

5. 防治方法

（1）农业防治

①加强栽培管理　要科学管理，合理修剪和排灌。冬季剪除病枝、病果，清除地面的病残体，集中深埋或烧毁。结合深翻园地，增施腐熟的有机肥。在6月份雨季到来之前再清理1次树体和地面的病残果。夏季控制肥水，雨季及时排水降湿，发病期禁止大水漫灌，防止园地积水。栽植不要过密，疏除过密枝条，注意通风透光。

②增施有机肥　有机肥可促进根系旺盛生长，提高植株抗病性，特别注意增施钾肥，以提高根系抗病性。

③翻耕　土壤黏重的果园，要注意深翻土壤，并在施肥时掺入

一些增加透气性的物质，如秸秆、炉渣等，保持根系旺盛生长。

④刮治病斑 视病害的发生情况而定，对发病严重的大树，可刮治病斑。方法是扒开病枝对应的根部后刮除腐烂的皮层，用50%菌毒清水剂30倍液或50%扑海因可湿性粉剂100倍液涂抹。

（2）化学防治

在果实发病初期喷洒1∶160～200倍波尔多液1～2次，每隔10天喷1次。选喷50%胂·锌·福美双可湿性粉剂800倍液，或喷65%代森锌可湿性粉剂500倍液和45%复方百菌清500倍液，或45%代森铵水剂700倍液和40%灭菌丹可湿性粉剂300倍液，或70%代森锰锌可湿性粉剂500倍液和25%溴菌清可湿性粉剂500倍液，或64%噁霜·锰锌可湿性粉剂500倍液及58%甲霜·锰锌可湿性粉剂500倍液等。

药剂宜早喷，发病初期即应喷洒第一次药；及时喷，在结果期、雨后24小时即应喷药；防污染，采果前20天停止喷药。

（3）灌　根

①挖土晾晒 上午将根基周围表土挖开5厘米深，晾晒。挖土尽量避免伤根。

②灌根 下午用配好的农药灌根。灌根可选用的药剂：45%炭枯净粉剂800倍液、生根粉1000倍液和高钾钙宝600倍液按1∶1∶1混合，每株3千克；或45%代森铵水剂；40%硫磺·多菌灵胶悬剂；25%多菌灵可湿性粉剂；65%代森锌可湿性粉剂。

③覆土 灌根后第二天早晨，给挖开的根基覆土。将病根周围的土壤换成新土，并混入适量的草木灰。

第一次施药后间隔7～10天进行第二次施药，20天后再施1次，生长季施2～3次即可。

（二）炭 疽 病

1. 病征 枸杞炭疽病俗称黑果病，主要危害青果、嫩枝、叶、蕾、花等。青果染病初在果面上生成小黑点或不规则褐斑，遇连阴雨病斑不断扩大，半果或整果变黑；干燥时果实变黑收缩，湿度大时，病斑扩展迅速，2～3天即可蔓延到全果，病果上长出很多橘红色胶状小点。嫩枝、叶尖、叶缘染病产生褐色半圆形病斑，扩大后变黑；在潮湿条件下，病斑呈湿腐状，病部表面出现黏滴状橘红色小点，即病原菌的分生孢子盘和分生孢子。花蕾、花受害的初期都出现小黑点或不规则形黑斑，严重时病斑扩展使整个花蕾、花变黑坏死。

2. 病原 枸杞炭疽病病原为胶胞炭疽菌。有性态称围小丛壳，属子囊菌。

3. 发病规律 5月中旬至6月上旬开始发病，7月中旬至8月中旬暴发，危害严重时，病果率高达80%。

4. 发病条件 该病在多雨年份、多雨季节扩展快，呈大雨大高峰、小雨小高峰的态势。果面有水膜时利于孢子萌发，无雨时孢子在夜间果面有水膜或露滴时萌发。干旱年份或干旱无雨季节发病轻、扩展慢。

5. 防治方法

（1）农业防治

①清园 于早春或晚秋清理枸杞园内被修剪下来的残枯、病虫枝条，连同落叶及园地杂草，集中清理干净，园外烧毁，消灭病源。收获后及时剪去病枝、病果，清除树上和地面上病残果，集中深埋或烧毁。到6月份第一次降雨前再次清除树体和地面上的病残果，减少初侵染源。合理整形修缮，增强树势，提高树体抵抗力。

②选择栽植品种 各品种对多种病虫害抗性区别很大，应尽量选择水平抗性强，对炭疽病抗性明显高的品种。

③合理耕作 早春耕作15厘米，生育中期耕作8～12厘米，秋翻20厘米，达到松土除草活土、渗盐防板结，打破土壤越冬害虫病菌适生场所的目的。

④合理浇水 发病期禁止大水漫灌，雨后排除杞园积水。浇水应在上午进行，以控制田间湿度，减少夜间果面结露，抑制病菌

繁殖。

⑤合理施肥 以有机肥为主，合理搭配化肥，适量补充微量元素肥料及特种元素肥料，增加树体免疫性，提高植株抗病能力。

（2）化学防治 化学防治枸杞炭疽病，应严格掌握药剂浓度、用量、施用次数、施药方法和安全间隔。注意进行药剂的合理轮换使用。6月份第一次降雨前先喷1次药，在药液中加入适量尿素，杀灭越冬病菌，增强树体抗病性。发病后重点抓好降雨后的喷药，喷药时间应在雨后24小时内进行，以防传播的分生孢子萌发和侵入。喷药间隔期7～10天，连续喷药2～3次。采收前7天停止用药。可使用的药剂主要如下。

25%嘧菌酯悬浮剂5 000倍液，或1%申嗪霉素500倍液，或1.5%多抗霉素1 000倍液，或2%嘧啶核苷类抗菌素水剂2 000倍液，或10%苯醚甲环唑乳油2 000倍液，或45%晶体石硫合剂250倍液，或80%代森锰锌可湿性粉剂500倍液，或75%百菌清可湿性粉剂800倍液，或25%澳菌清可湿性粉剂500倍液，或64%噁霜·锰锌可湿性粉剂500倍液，或58%甲霜·锰锌可湿性粉剂500倍液。

（三）白 粉 病

1. 病症 白粉病主要危害叶片。叶面覆满白色霉斑（初期）和粉斑（稍后）。此白色霉斑与粉斑既是本病的病状，又是本病的病征（病菌分生孢子梗与分生孢子）。严重时枸杞植株外观呈一片白色，相当明显。病株光合作用受阻，最终致使叶片变黄，易脱落。

2. 病原 病原为半知菌亚门的粉孢属。在寒冷地区，病菌以有性态子实体闭囊壳随病残物在土中越冬。在温暖地区，病菌主要以无性态分生孢子进行初侵染与再侵染，完成病害周年循环，并无明显越冬期。

3. 发生规律 病菌以闭囊壳随病组织在土表面及病枝梢的冬芽内越冬，翌年春季开始萌动，在枸杞开花及幼果期侵染引起发病。

温暖多湿的天气或植地环境有利于发病。但病菌孢子具有耐旱特性，在高温干旱的天气条件下，仍能正常萌发侵染致病。天气干燥比多雨天气发病重，日夜温差大有利于此病的发生、蔓延。

4. 防治方法

（1）**农业防治**　①枸杞园应建于土壤疏松肥沃、排水良好、地势开阔、光照良好的地方。②秋末冬初，结合修剪、耕翻、施基肥等田间管理措施，彻底清除园区落叶、杂草、病残体，集中深埋或烧毁。加强中耕除草，降低枸杞园病菌寄生，预防交叉感染。③合理施肥，提高土壤肥力，促进树体纤维化、木质化，增强树体免疫力，提高树体抗病性。④枸杞栽植不要过密，及时疏除过密枝条，保证园内通风透光。

（2）**化学防治**　在春季枸杞发芽前喷 15% 三唑酮可湿性粉剂 1 000 倍液。发病初期喷洒 1：1：200 倍波尔多液，每 10 天喷 1 次，连续喷 2～3 次。

发病期可选喷药剂：70% 甲基硫菌灵可湿性粉剂 800～900 倍液，或 15% 三唑酮可湿性粉剂 2 000 倍液，或 50% 硫磺悬浮液 300 倍液，或 40% 晶体石硫合剂 300 倍液，或 50% 苯菌灵可湿性粉剂 1 500 倍液，或 60% 多菌灵水溶性粉剂 1 000 倍液，或 40% 氟硅唑乳油 1 000 倍液等。每隔 10～15 天喷药 1 次，根据病情可连续喷 2～3 次，果实采收前 20 天停止用药，以保证果品质量。

（四）灰斑病

1. 病症　又称枸杞叶斑病。主要危害叶片和果实。叶片染病初生圆形至近圆形病斑，大小为 2～4 毫米，病斑边缘褐色，中央灰白色，叶背常生有黑灰色霉状物。果实染病也产生类似的症状。

2. 病原　枸杞灰斑病的病原为枸杞尾孢，属半知菌亚门真菌。子实体生在叶背面，子座小，褐色；分生孢子梗褐色，3～7 根簇生，顶端较狭且色浅，不分枝，直生或具膝状节 0～4 个。

3. 发生规律　病菌以菌丝体或分生孢子在枸杞的枯枝残叶或随

病果遗落在土中越冬，翌年分生孢子借风雨传播进行初侵染和再侵染，扩大危害。

4. 发病条件　高温多雨年份、土壤湿度大、空气潮湿、土壤缺肥、植株衰弱易发病。

5. 防治方法

（1）农业防治

①搞好枸杞园内卫生　秋季落叶后及夏季高温落叶后，及时清扫落叶、落果，集中深埋或烧毁，减少翌年的病菌源。

②合理浇水　保持枸杞园干燥，降低枸杞园气候湿度，控制病菌繁殖侵染。

③合理施肥　增施有机肥、酵素菌肥、磷肥、钾肥，保持树体健壮生长，增强抗病力。

④选用抗病良种　如宁杞1号、宁杞2号等。

⑤强化栽培管理　合理修剪，及时剪除徒长枝，防止树冠郁闭。每次清扫落叶、落果后，耕翻枸杞园，浇水施肥。注意施用酵素沤制的堆肥，增施磷、钾肥，增强抗病力。

（2）化学防治　发病初期喷洒1∶1∶100波尔多液，或喷75%百菌清可湿性粉剂600倍液。

发病期可选喷药剂：70%代森锰锌可湿性粉剂500倍液，或64%噁霜·锰锌可湿性粉剂500倍液，或30%碱氏硫酸铜悬浮剂400倍液，或50%腂·锌·福美双可湿性粉剂1000倍液。每隔10～15天喷洒1次，连续喷2～3次，采果期前20天停止喷药，以保证果品质量。

果实采收期可选喷乙蒜素、绿帝、黄连素、壳聚糖、绿色植保素1号1000倍液。另加喷72%硫酸链霉素可溶性粉剂1000倍液，新植保霉素、春雷霉素、多抗霉素600～800倍液。

（五）霉斑病

1. 病症　霉斑病主要危害叶片。叶面现褪绿黄斑，背面现近圆形霉斑，边缘不变色，数个霉斑融合成斑块，或霉斑密布致整个叶背覆满霉状物，终致全叶变黄或干枯，果实干瘪，品级差。

2. 病原　枸杞霉斑病病原为成都假尾孢，属半知菌亚门真菌。分生孢子梗数枝至十数枝密集丛生，丝状，不分枝，橄榄褐色，长短不一，呈波浪状弯曲，末端钝圆。病菌子实层生于叶背平铺，外观如丝绒状。

3. 发生规律　在我国北方以菌丝体和分生孢子丛在病叶上或随病残体遗落土中越冬，以分生孢子进行初侵染和再侵染，借气流和雨水溅射传播；南方田间枸杞终年种植的地区，病菌孢子辗转危害，无明显越冬期。

4. 发病条件　温暖闷湿天气易发生流行。

5. 防治方法

（1）农业防治　果实膨大期和采收期每隔 15 天喷施 1 次钙肥和氨基酸微量元素肥料，增强树势，抑制病害发生。

（2）化学防治　在生病初期可选喷 14% 络氨酮水剂 500 倍液，或 50% 腐霉利可湿性粉剂 1 000 倍液，或 40% 多菌灵 1 500 倍液、45% 硫磺悬浮剂 500 倍液。

果实采收期可选喷硝酸铜粉剂 500 倍液，或 20% 绿帝可湿性粉剂 500 倍液，或 10% 多抗霉素可湿性粉剂 600 倍液，或 25% 嘧菌酯悬浮剂 600 倍液，都有很好的防治效果。

（六）黑 果 病

黑果病是对枸杞影响很大的病害。此病发生的程度与枸杞生长季节降雨量有直接关系，降雨天数多，发病重。发病较轻时果实成熟后形成黑色病斑，降低经济价值；发病严重时，青果全部变黑，失去经济价值。

1. 病症　枸杞黑果病是真菌病害，青果发病后，早期出现小黑点或黑斑或黑色网状纹。阴雨天，病斑迅速扩大，使青果变黑，不能成熟。晴天病斑发展慢，病斑变黑，未发病部位仍可成熟为红色。花感病后，花瓣出现黑斑，轻者花冠脱落后，幼果能正常发育，重者子房发黑，不能结果。幼蕾感病后，初期出现小黑点或黑斑，严重时整个幼蕾变黑，不能开花。枝叶感病后出现小黑点或黑斑。

2. 发生规律　病原菌在病果内越冬，也可以残留在树上和地上的黑果内越冬。病原主要通过风和雨水传到附近健康的花、果、蕾等部位，病菌可以通过伤口及自然孔口侵入。一般风力摩擦、虫伤是自然条件下造成伤口的主要原因，也是侵染的主要渠道。

3. 发病条件　黑果病的流行与湿度、温度关系密切，湿度与降雨量对发生蔓延起主导作用，温度只起促进作用。初期（5～6月份）日平均温度17℃以上，空气相对湿度60%以上，每旬有2～3天以上降雨，田间即可发病。盛期（7～9月份）日平均温度17.8℃～28.5℃，旬降雨量在4天以上，连续两旬的平均空气相对湿度在80%以上，发病率猛增，出现危害高峰。

4. 防治方法

（1）农业防治　在冬季最冷的1月中下旬，震落枸杞树上的病果。春季结合修剪清理枸杞园，把病残枝、叶、果全部带出园外烧毁。

（2）化学防治　在5～9月份的生产季节，注意收听当地天气预报，如果此期间有连续阴雨天气出现，雨前喷洒100倍等量式波尔多液保护剂，雨后喷施50%甲基硫菌灵可湿性粉剂500～800倍液。

（七）流 胶 病

1. 病症　当早春树液开始流动时，在枝干树皮或被创伤的树皮伤口裂缝处流出半透明乳白色的液体，即溶胶，多呈泡沫状。临秋停止流胶，液体干涸；在枝干被害处，树皮似火烧而呈焦黑，皮层和木质部分离，使被害的枝、干干枯死亡，严重者全株死亡。

2. 发病条件　枸杞流胶病为非侵染性病害。流胶病发生的原因是田间作业时的机械创伤、修剪时伤皮及害虫危害。

3. 防治方法

（1）**选择适宜的园地** 枸杞耐盐碱，但盐碱过大、土壤黏性重、排水不良、地下水位高处，发病率高，所以这样的土壤都不宜种植。一般选择含盐量在 0.33% 以下的沙壤土为好。

（2）**培育壮苗** 可增强树势，提高植株抗病能力。

（3）**合理施肥浇水** 枸杞对肥水敏感，为使肥料在土壤中充分腐熟，及早发挥肥效，一般在 10 月下旬至 11 月中旬施各种腐熟的农家肥。春季头水要浅，不要使枸杞园积明水超过 4 小时。

（4）**合理修剪** 修剪增强树势是提高植株抗病的关键措施。一般 4 月份植株萌芽后新梢开始生长时进行春季修剪，主要是修剪枯枝。5～8 月份进行夏季修剪，主要是修剪徒长枝、中间枝、密枝，并适当剪去第一和第二批结果枝，以利培养新的结果枝，使秋果丰收。在 10～11 月份进行秋季修剪，剪去枯枝、病虫枝、徒长枝。

（5）**刮除病部** 当发现有轻度流胶时将流胶部位用刀具刮除干净，然后使用溃腐灵原液或 5 倍液涂抹，治愈率达 95% 以上。

（6）**田间作业及修剪时不要碰伤树皮** 当发现有轻度流胶时，将流胶部位用刮刀刮除干净，用 5 波美度的石硫合剂涂刷消毒伤口，再用 200 倍的抗腐特水剂涂抹伤口，治愈效果在 70% 左右。

五、关键生长期病虫害的综合防治

（一）休眠期（11 月份至翌年 3 月底）

此期除 3 月下旬有少量的木虱出蛰以外，其他各种病、虫、螨都在入蛰状态，全部生活在越冬场所。

1. 农业防治 在 2 月底至 3 月上旬把修剪下来的各种枝条、震落下的残留病虫果、园中杂草及埂边萌蘖苗带出园外，集中烧毁。

2. 化学防治 3月下旬，可选用28%机油石硫微乳剂1 500倍液，或40%石硫合剂粉剂100倍液，或熬制的石硫合剂30倍液，与48%毒死蜱乳油1 000倍液联用。对树冠、地面、田边、堤埂、杂草进行全面喷雾，有明显降低病菌、虫卵越冬基数的作用。

（二）病虫害初发期（4～5月份）

4～5月份枸杞开始萌芽、长叶，新梢开始生长，老眼枝开始开花结果，此时正是各种害虫发生活动期。

1. 农业防治 4月中旬至5月份夏季及时修剪。对徒长枝及园内萌蘖苗进行清除，对二混枝进行摘心处理，以防蚜虫前期在嫩梢大量繁殖危害。

4～5月份每667米^{2}放置40厘米×60厘米的黄色纸板4～5块，纸板上涂高氯菊酯或阿维菌素机油对木虱成虫进行诱杀。

2. 化学防治 4.5%高效氯氰菊酯乳油1 500倍，或1.8%阿维菌素乳油3 000倍与34%哒螨灵乳油2 000倍液联用，或0.5%高效氯氰菊酯乳油1 500倍液、20%二嗪磷乳油2 500倍液、1.8%阿维菌素乳油2 000倍液联用，进行喷雾，防止蚜虫、木虱、螨类等害虫。

（三）病虫害盛发期（6～7月份）

此期枸杞处在生长结果旺盛期，各种病虫害种类多、虫态复杂。抓主要害虫，如蚜虫、瘿螨、木虱、黑果病，兼顾蛀果蛾、菜青虫、金龟子、负泥虫、盲蝽等其他次要害虫的防治。

1. 农业防治

（1）加强肥水管理 通过全面平衡营养施肥，增施有机肥、生物复合肥，合理控氮，增施磷钾肥，补充微量元素肥料。增强树体的抗病虫能力，控制喜氮病虫害如蚜虫、瘿螨的繁殖。

（2）强化夏季修剪 在5月中旬至6月中旬，根据枸杞优质高产的要求，整出良好的树形，保持结果枝条均匀适中，合理负载；

及时清除徒长枝、短截二混枝，改善树体营养状况和通风透光条件，控制病虫害的大量繁殖。

（3）**喷浇树体**　在枸杞采收期利用灌水之机，进行树冠泼浇，或高温时喷施氨态氮肥或渗透剂，以起到杀死和冲刷蚜虫的目的。

2. 化学防治　利用蚜虫对黄色光的趋向性，每亩放置40厘米×60厘米的黄色纸板4～5块，纸板上涂吡虫啉或啶虫脒机油对枸杞有翅蚜进行诱杀。

（1）**以防治蚜虫为主兼防其他害虫、螨类、黑果病**　3%啶虫脒乳油2 500倍、20%红尔螨乳油2 000倍、1.5%噻霉酮水乳剂600倍液联用，或0.3%苦参素100倍液、20%四螨嗪悬浮剂2 000～3 000倍液联用喷施。

（2）**以防治瘿螨为主兼治其他害虫**　20%哒螨灵乳油1 500倍、8000单位/微升苏云金芽孢杆菌（Bt）乳剂1 000倍、10%吡虫啉可湿性粉剂1 500倍、80%代森锰锌可湿性粉剂600倍液联用喷施。

（3）**以防治木虱为主兼治其他害虫**　4.5%高效氯氰菊酯乳油1 500倍、1.8%阿维菌素乳油3 000倍、34%达螨灵乳油2 000倍、20%苗壮壮粉剂1 200倍液联用喷施。

（四）秋果期（8～10月份）

此期主要病虫害有蚜虫、木虱、瘿螨、黑果病。除黑果病在秋雨多时发病严重外，其他虫、螨一般不太可能暴发。在抓好8～9月份的防治外，重点是抓好10月下旬入蛰前的防治。

1. 农业防治　夏果结束后剪除树冠下、树膛内的病虫残枝，剪除病果，清理枸杞园田边、沟渠、路旁杂草及萌蘖苗，破坏害虫繁殖寄生场所。

2. 化学防治　①3%啶虫脒乳油3 000倍液、1.8%阿维菌素乳油3 000倍液、28%速霸螨乳油2 500倍液、5%多抗霉素水剂600倍液联用喷施。②做好10月下旬各种害虫、害螨入蛰前的防治。此时采果已经结束，防治主要以化学防治为主，可用1.8%阿维菌素乳油2 000倍液与10高效氯氟氰菊酯可湿性粉剂1 000倍液联合喷施。③进入冬季可以熬制石硫合剂进行防治。

六、常用农药常识

（一）石硫合剂的熬制和配制

石硫合剂是果树生产上常用且成本低、有效的杀虫杀菌剂和预防保护剂，正确使用石硫合剂可以大大减少其他高成本药剂的施用。

1. 熬制方法 石硫合剂是用生石灰、硫磺加水熬煮而成，其配制比例一般为1∶2∶13，即生石灰1份、硫磺2份、水13份。

熬制步骤：先把水放入锅中，加热到将要沸腾时加入生石灰。待石灰水沸腾后，将碾碎过筛的细硫磺粉用开水调成糊状，慢慢地加入锅中，边加热边搅拌，并用大火熬煮，药液由黄色变成红色，最后变成红褐色即可。熬煮的时间一般在40～60分钟，若熬煮时间过长，药液变成绿褐色时则药效降低；若熬煮时间不够，原料成分没有充分溶解到药剂中，则其主要成分多硫化钙含量少，药效同样不好。

从锅中取出熬煮好的石硫合剂放入缸中冷却，并用波美比重计测量原液的度数，称为波美度，一般熬制好的石硫合剂的度数可以达到23～30波美度。石硫合剂在缸中经过2～3天的澄清，取出上清液，装入缸中或罐中密封备用，应用时稀释。石硫合剂原液的保存应在瓦罐或瓷器中，切忌存入金属器具中。

2. 稀释方法 石硫合剂的稀释方法有两种。

（1）重量法 按以下公式计算：

原液需要量（千克）=（所需稀释浓度 / 原液浓度）×所需稀释的药液量

（2）稀释倍数法 按以下公式计算：

稀释倍数 =（原液浓度 / 需要浓度）−1

3. 注意事项

第一，熬制石硫合剂时必须使用新鲜、洁白、杂质含量少而没有风化的生石灰（若用消石灰，则需要增加 1/3 的用量）；硫磺选用金黄色、经过碾碎过筛的粉末；水要选用纯净的水，不要使用硬度很大的水，否则会降低石硫合剂的药效。

第二，熬制时可用铁器，不要用铜器熬制或贮存。另外，在原液贮存过程中要密封，避免与空气接触，以防药剂氧化，有条件的可以在石硫合剂原液上倒入少量煤油。如果密封效果好，原液可以贮存半年左右。

第三，石硫合剂具有很强的腐蚀性，在使用石硫合剂时，应尽量避免与皮肤和衣服接触，如果不慎接触了，则用大量的清水冲洗干净。

第四，石硫合剂的喷雾器，在使用后要冲洗干净，防止腐蚀。

（二）波尔多液功用及配制

1. 功用　波尔多液为保护性杀菌剂，通过释放可溶性铜离子而抑制病原菌孢子萌发或菌丝生长。在酸性条件下，铜离子大量释出时也能凝固病原菌的细胞原生质而起杀菌作用。在空气湿度较高、叶面有露水或水膜的情况下，药效较好，但对耐铜力差的植物易产生药害。持效期长，广泛用于蔬菜、果树、棉、麻等多种病害的防治，对霜霉病、炭疽病、马铃薯晚疫病等叶部病害效果尤佳。

波尔多液有效成分为碱式硫酸铜，可有效地阻止孢子发芽，防止病菌侵染，并能促使叶色浓绿、生长健壮，提高树体抗病能力。该制剂具有杀菌谱广、持效期长、病菌不会产生抗性、对人和畜低毒等特点，是应用历史最长的一种杀菌剂。

2. 配制方法

（1）方法一　0.5% 浓度的半量式波尔多液配比为硫酸铜 1 份、石灰 0.5 份、水 200 份。先把配药的总用水量平均分为 2 份，1 份用于溶解硫酸铜，制成硫酸铜水溶液；1 份用于溶解生石灰，可先用少量热水浸泡生石灰让其吸水、充分反应，生成氢氧化钙（泥状），然后把配制好的石灰泥过细箩后加入到剩余的水中，配制成石灰乳（氢氧化钙水溶液）。

两种药液配制完成后不必立即兑制，可在容器内暂时封存，待喷药时现兑现用。配药时把两种等量药液同时缓慢倒入喷雾器内或另一容器内，边倒药液边搅拌，搅匀后立即使用。

（2）**方法二** 先把硫酸铜1份、石灰0.5份、水200份称量好，然后用10%的水配制石灰乳，制成氢氧化钙水溶液，用90%的水溶解硫酸铜，制成硫酸铜水溶液，2种药液暂时存放备用。喷药时须现配现用，按比例先把1份石灰水溶液倒入喷雾器内或另一容器内，再把9份硫酸铜水溶液缓慢倒入喷雾器中的石灰水溶液中，边倒药液边搅拌，搅拌均匀后随即使用。

注意：因波尔多液配制必须在碱性条件下进行，倒药液时，不可搞错次序，必须把硫酸铜水溶液倒入石灰水溶液中，不能把石灰水溶液倒入硫酸铜水溶液内，否则配制的药液会随即沉淀，失效。

（三）禁用农药

六六六，滴滴涕，毒杀芬，二溴氯丙烷，杀虫脒，二溴乙烷，除草醚，艾氏剂，狄氏剂，汞制剂，含砷、铅类农药，敌枯双，氟乙酰胺，甘氟，毒鼠强，氟乙酸钠，毒鼠硅，甲胺磷，甲基对硫磷，对硫磷，久效磷，磷铵。

（四）果树上不能使用和限制使用的农药

甲拌磷，甲基异柳磷，特丁硫磷，甲基硫环磷，治螟磷，内吸磷，克百威，涕灭威，灭线磷，硫环磷，蝇毒磷，地虫硫磷，氯唑磷，苯线磷。

任何农药产品的使用都不得超出农药登记批准范围。

第八章
枸杞采收和加工

一、采　收

（一）果实成熟期

1. 结果期　枸杞果实的生长可以分为青果期、变色期和成熟期3个阶段。从幼果到成熟果，时间在28～30天之间。青果期在22天左右，这一阶段为青果从小到大的生长阶段。变色期时间3～5天，其间经过浓绿、淡绿、淡黄到黄红色的过程。熟果期1～3天，3天内果色由黄红色变成鲜红色，此时果实生长最快，体积迅速膨大1～2倍。气温高，则变色快，体积增大也快。一旦一朵开花结果，以后不同的果枝便会陆续开花结果。第一个果实成熟期在夏季，也就是6月下旬到8月初，第二个果实成熟期在9月下旬到10月中旬。

2. 成熟度的判定　当果实色泽鲜红，成熟度达八九分熟时就可以采收了。成熟果实色泽鲜红，果实表面光亮，果体变软，富有弹性；果实空心度大，果肉增厚；果实与果柄容易分离，容易采摘；果甜，种子变浅黄色，种皮骨质化。此时果实糖分和维生素含量达到最高，清甜可口，具有最高的药食两用价值。

3. 成熟期管理　在果实成熟阶段，很容易招来各种鸟类取食、啄伤果实，给果实的质量、颜色和产量都带来很大损失，在与其他作物间种的枸杞园，受害更严重。对这些种植园可搭建防护网，用尼龙网固定在枸杞园的四周，让网罩住全园植株，可以有效地减轻麻雀等鸟类带来的损失。

（二）采摘方法

果实见红的 12 天后开始准备采摘工作，15～20 天后果实变为红色或橙红色开始采摘，过早过晚采摘都会影响果实品质。采摘最好选择在大晴天，田间没有水汽的时候，不宜在阴雨天和雨后采收。由于鲜果怕捏、怕压，采果时手要轻，一手扶果枝，一手轻捏果实摘下，放入果筐中。果筐中盛果不宜过多，一般装 20～30 厘米厚，以 8～10 千克为宜，以免下层鲜果被压破。采收时最好不带果把，更不能采下青果和叶片。由于红熟的时间不一致，采果期一般每隔 5～8 天采摘 1 次。气温高，则间隔期短为 5～6 天；气温低则间隔期延长为 8～10 天；气温不高不低，间隔期 7～8 天，直到采完为止。采摘的同时，也要注意留种的工作。

注意雨后或早晨有露水时不宜采摘，以免制干时霉烂；未到喷药后安全期不采，避免农药超标；不用农药箱装果实。

（三）干燥方法

枸杞鲜果不容易保存，由于它的价值高，尤其药用价值高，因此不能像鲜果一样大量食用，所以出售的枸杞子，一般都是被制成干果，慢慢食用。枸杞制干的方法分为自然制干和设施制干两种。

1. 自然制干法　自然制干法优点是设备简单，成本低。缺点是受天气和晒场限制。自然制干法需要准备的工具有晒场和果笈。晾晒场地要求地面平坦，空旷通风，卫生条件好。果栈多做成长 1.8～2 米，宽 0.9～1 米的木框，中间夹竹帘，再用铁钉钉制而成。

（1）鲜果脱蜡　枸杞鲜果表面含有一层蜡质层，这层蜡质保护着果肉，使果实不易干燥，因此枸杞干燥前需脱蜡。脱蜡有 3 种方法：①在鲜果中直接加入鲜果数量的 0.2% 食用碱，拌匀，闷放 20～30 分钟之后，再铺在果栈上晾晒。②将食用碱溶解在清水中，配成 2.5%～3% 的碱溶液，家庭一般使用小苏打加食用碱。碱不可过多，否则果实将发白，影响果品分级，标准为 50 千克鲜果加 10～20 克碱面，必须将碱面化成水。将采回的鲜果放入溶液中，浸泡半分钟左右，捞出后铺在果栈上晾晒干或送入烘道烘干。③先配制冷浸液，具体是先将 30 克氢氧化钾加 300 毫升 95% 酒精溶解，慢慢加入 185 毫升食用油（菜籽油、葵花油）边加边搅，直至溶液澄清，成皂化液。另取自来水 50 升，加入碳酸钾 1.25 千克，溶解。将皂化液加入碳酸钾溶液，搅拌，形成乳白色液体，即冷浸液。鲜果倒入冷浸液中浸 1 分钟捞出再晾晒。泡过的枸杞也可摊在事先做好的宽 1.2 米、长 2 米的白布上，厚度 1.5～2 厘米，摊平，将白布放在干净平地上晾晒。注意此时不要翻动，2～3 天后即可晒干。泡碱有利于打破鲜果表面蜡质层，利于果内水分散发，缩短晾晒时间。

（2）**晾晒技巧**　将脱蜡后的鲜果铺在果栈上，果实铺开的厚度为 2 厘米左右，要求厚薄均匀，才能干得快。刚采回的鲜果不要立即放在烈日下暴晒，可先放在阴凉处晾 3～4 小时再晒。在果实未晒干之前，要尽量少翻动或不翻动，往果栈内摆放时，也要轻放。如遇阴雨天果实发霉了，用小棍从果栈底部进行拍打，随时赶跑蝇、蚊及其他昆虫，如有死亡虫体，要随时拣出。晒干过程中要防止雨淋，夜间要防止露水浸湿。气温高，晾晒时间一般为 4～5 天。气温低，晾晒时间为 7～10 天。

2. 设施制干法　有条件的生产者可以采用设施制干法，目前的制干设备主要有太阳能弓棚烘干和烘道烘干两种方法。

（1）**太阳能拱棚烘干**　这种方法就是用塑料薄膜，搭建成吸收太阳能的拱式烘干室，枸杞鲜果脱蜡后，铺放在拱棚内晾晒烘干。在拱棚出入口设置通风扇和排风扇。顶棚吸收太阳热能，使设施内温度增高，加大了枸杞鲜果水分的蒸发量。出口排出果实蒸发的湿气，入口用风扇通风。太阳能制干一般干燥时间为 3～5 天，达到了缩短制干时间的目的。

自然晒干和太阳能拱棚制干这两种制干方法都只能使枸杞含水量降低到15%。

（2）烘道烘干 现代的烘道烘干技术可以使枸杞干果的含水量小于13%。

烘道是一种大型热风式烘干设备。由热风炉、鼓风机、热风输送管道和烘干隧道四部分组成。一般每次进鲜果2 000～5 000千克。烘道长18～24米、高2米、宽2米，用砖块砌成。热风输送管道是一条地下热风道，连接着鼓风机。

烘道制干时，将鲜果经过脱蜡处理，再均匀地轻轻摊铺在果栈上，果栈再叠放在平板车上，把平板车和果栈推至烘道内，开动风机，把热风送入烘道进行烘干。在烘道内经过3个阶段的升温烘干，枸杞干果水分在13%以下，达到烘干标准。这种方法投资较大，但它有利于大规模地生产加工，不受天气限制，能够保证枸杞干果品的质量。

烘干时的温度，分为3个阶段：第一阶段要求温度为40℃～45℃，经24～36小时，果实开始出现皱纹；第二阶段要求温度为45℃～50℃，经36～48小时，果实呈干缩状态；第三阶段要求温度为50℃～55℃，经24小时可达全干。

枸杞制成干果之后，还应该在加工厂内进行风力除柄，去掉叶柄等杂质。经过机械振动筛分成4个不同的等级，在严格消毒的环境中进行人工拣选，再经过机械除尘，在紫外线杀菌机上杀菌15秒钟。杀菌之后进行水分测定。当果实含水量小于或等于13%时，按果粒的大小装入纸箱内，每箱放入防虫药磷化铝，封闭箱口，封闭48～72小时进行熏蒸，杀死果粒可能带有的虫卵。最后，根据市场需求定量打成包装。

（四）留 种

在采果季节，在优良品种的枸杞园内选择长势苗壮、无病虫害

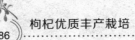

的地块儿，采摘鲜果留作种子。为生产品质好、产量高的枸杞，打下良好的基础。

准备好带网眼的尼龙袋，将果实倒入尼龙袋中，最好封紧袋口。准备一个搓衣板、一盆清水和一个空盆。将搓果袋在搓衣板上揉搓，通过揉搓使果浆、果肉和种子分离开来。搓种时要用力反复揉搓，使种子完全从果肉里分离出来。再将搓果袋放入清水里漂洗。

漂洗时用漏勺撇干净果把、果渣和水面上的浮沫。这时不饱满、不成熟的种粒浮在水面上，优良的种粒会沉在下面。倒掉上面的水和种粒，沉在盆底的就是我们选出的优良种粒。将选出的种粒倒在透水性好的尼龙网上，然后用手铺平，放在太阳下晒干。一般晾晒 3～5 天即可收藏保存。贮存时将种子装在塑料袋中，注意防潮，放置在阴凉避光处就可以了，这样选出的种子到翌年播种时不用再筛选，可以直接拌种播种。

二、产品加工

枸杞产品加工包括采收后初加工和产品深加工两类加工技术。

（一）采收后初加工

1. 脱把去杂　将干燥的果实装入布袋中，来回拉动摔打，使果柄和果实分离，然后倒入风车扬去杂质。

2. 分级与包装

（1）分级标准　国务院商业部和卫生部颁布了枸杞的 6 个验级标准。

①贡果　180～200 粒 /50 克。

②枸杞王　200～220 粒 /50 克。

③特优　220～280 粒 /50 克。

④特级　280～370 粒 /50 克。

⑤甲级　370～580 粒 /50 克。要求颗粒大小均匀，无干籽、油

粒、杂质、虫蛀、霉变。

⑥乙级　580～980 粒/50 克。油粒不超过 15%，无杂质、虫蛀、霉变等颗粒。

（2）**分级方法**　根据果实的大小，用不同的孔径分果筛进行分级，果实中的油粒、杂质、霉粒用人工拣选或机器拣选。

3. 贮藏　枸杞含糖较多，一般在 40% 以上，极易吸潮泛油、发霉和虫蛀；而且其成分的色质也极不稳定，容易变色，是中药材中较难保管的品种。普通的贮藏方法很难使之妥善保管，达到防潮、防蛀、防闷热的目的。贮藏的方法一般有以下几种。

（1）**乙醇保管法**　将枸杞子用乙醇喷雾拌匀，然后用无毒性的塑料袋装好，排除空气，封口存放，随用随取。此种方法既可防止虫蛀，又可以使其色泽鲜艳如鲜品。

（2）**塑料袋真空保存法**　在塑料袋中放入装有生石灰的小透气袋，然后将去除杂质的枸杞子放入塑料袋中，烤封塑料袋口，抽出袋内空气，置阴凉处贮存。应用此方法，需随时检查，防止漏气。另外，石灰不可过多，应视枸杞子含水量和其他情况而定。

（3）**冷藏法**　将枸杞子置于冰箱或其他的冷藏设备中 0℃～4℃保存，此法是简单、实用的一种贮藏方法。

（4）**霉变处理法**　将霉变的枸杞子置于圆簸箕中，双手将结块搓散，弃去严重变质者，喷淋适量白酒湿润表面白斑处，双手搓除斑，反复多次，直至无斑。然后用微火焙干，并常用手轻搓翻动，使之散发水汽，出锅过筛后密封保存。

考虑到成本及贮藏规模，可以根据枸杞的特性选用低温贮藏，大致在 0℃～4℃下干燥贮存。如果是 1～2 个月的贮存，可以采用乙醇保管法，只要贮存于低温干燥的库房内，定期检查，就能防止变质。如果贮藏时间久，就采用真空兼冷藏保存。

枸杞贮藏期间应经常检查，注意防虫、防鼠、防鸟。定期清理、消毒和通风换气，保持清洁卫生。不应与有毒、有害、有异味、易污染品同库存放。

（二）产品深加工

枸杞不仅具有较高的药用价值，还有明显的养生保健功能，因此人们开展了对枸杞深加工技术的研究，形成了枸杞深加工产业，显著地提高了枸杞的经济效益。目前，人们已陆续开发出枸杞酒、枸杞籽油、枸杞多糖、枸杞全粉、枸杞浓缩原汁、枸杞营养口服液等50多个深加工产品。下面介绍几种常用枸杞产品深加工技术。

1. 枸杞粉

（1）复水工艺　将200千克油枸杞放在多功能提取罐中，加入1 200升温水，进行复水处理，水温为50℃，复水时间为90分钟，如果处理量比较大，可以适当延长复水时间，以实际观察油枸杞的外观结构对复水工艺进行评估，并测量枸杞提取液的可溶性固形物含量为15%左右时即达到复水效果。

（2）破碎处理　用破碎机将复水后的枸杞进行破碎，制成枸杞浆，将制得的枸杞浆用胶体磨进行磨碎处理，使枸杞浆液颗粒混合均匀。

（3）添加榨汁酶　在枸杞浆液移入提取罐中，加入200万单位/克的果汁酶1.5千克，搅拌均匀进行酶处理，将枸杞浆升温至60℃，保持60分钟，以提高枸杞汁的出汁率和出汁速度。如果处理量比较大可以适当延长榨汁酶作用时间，但不宜超过90分钟。

（4）粗滤　将榨汁酶处理的枸杞浆用100目的滤布进行过滤，得到枸杞汁。

（5）分离澄清　将过滤后的枸杞汁通过高速离心机进行分离，得到枸杞清汁，枸杞清汁的透光率要达到92%才符合生产速溶粉的要求，然后将其移入提取液贮罐中贮藏。

（6）真空浓缩　将枸杞清汁通过单效浓缩器进行真空浓缩，使枸杞汁的浓度为25%，为喷雾干燥做准备，并将浓缩枸杞汁移入浓缩液储罐中贮存备用。

（7）喷雾干燥　经过浓缩后，得到750升枸杞清汁，将枸杞清汁加热至60℃，加入60千克麦芽糊精作助干剂，搅拌均匀，使糊精充分溶解。将枸杞清汁移入喷雾干燥机进行干燥，进口温度调至190℃，进料流量为40毫升/分，喷头转速为20 000转/分，出口温度为65℃，并时常观察干燥室内枸杞粉的出粉情况，防止出现较严重的粘壁，用干燥好的器具收集枸杞粉成品，得到173.5千克枸杞粉。

（8）包装　将枸杞粉用包装袋包装，低温干燥的环境进行贮藏，防止枸杞粉吸潮变质。

2. 枸杞果汁　枸杞果汁是用枸杞做原料，加入糖和有机酸进行调配制得的饮料。生产工艺如下。

表8-1　枸杞汁原料配方

原料名称	用量（%）
白砂糖	6
枸杞干果	4
悬浮剂 XF₃	0.3
甜赛糖 TR50	0.12
柠檬酸	0.2
柠檬酸钠	0.05
山梨酸钾	0.03
枸杞香精	0.02～0.04

（1）**枸杞的处理**　将称好的40克枸杞加入大约300毫升常温水中浸泡2～3小时，进行打浆，经胶体磨二次细化并经80目、200目二级过滤后，制成枸杞液备用。

（2）**溶胶**　将白砂糖、甜赛糖、山梨酸钾、柠檬酸钠与悬浮剂称量后干混均匀，撒入300毫升80℃纯净水中，搅拌加热使其充分溶解，无不溶颗粒。

（3）**混合**　将处理好的枸杞液与溶好的胶液混合均匀，备用。

（4）**酸化**　将柠檬酸用大约 50 毫升 50℃纯净水溶解完全，将稀释后的酸液缓慢加入到料液中，搅拌均匀。

（5）**均质**　将料液用 50℃纯净水定容至 1 000 毫升，调香后进行均质，均质条件为 60℃，压力为 20~25MPa/5~10MPa。

（6）**杀菌**　将料液灌装后进行巴氏杀菌，85℃～90℃/15 种。

（7）**冷却**　将杀菌后的样品放入冷水水浴中冷却至常温，即成品。

3. 枸杞可乐饮料　枸杞可乐饮料兼有枸杞和可乐饮料特有的香气及清凉口感，具有良好的营养保健功能。生产工艺如下。

（1）**枸杞汁制备**　挑取无病虫害、无霉变的优质枸杞，清洗后加 5 倍开水加盖浸泡 30 分，打浆机打浆以利于快速浸提，然后于夹层锅中 70℃～80℃条件下浸提 12 小时，200 目筛网过滤后滤渣重复浸提 1 次，两次汁液混合即得枸杞原汁。

（2）**调配**　枸杞汁 10%、白砂糖 5%、复合甜味剂 1%、维生素 C 0.2%、品质改良剂 0.025%、复合稳定剂 0.1%、复合香精 0.15%、加软化水 83.5%。配料时先将糖调制成糖浆，然后将备好的枸杞汁、糖浆及冷水按比例加入到备料缸中进行配料，将配好的料浆打入混合机中，并与二氧化碳气体进行充分混合。

（3）**灌装、压盖**　将混合好的浆料通过灌装机等压灌装到洗净灭菌的易拉罐、玻璃瓶或聚酯瓶中，然后进行压盖封口。为了保证成品的质量，整个操作过程须严格控制车间环境卫生，灌装车间必须单独隔开，空气必须进行净化。

4. 枸杞药酒

（1）**浸泡法**

①选料　选取成熟的上等宁夏枸杞，挑除发霉变质的劣质果和其他杂物。用清水快速洗去灰尘等杂质，然后在太阳下暴晒至干备用。再选用一般饮用酒并检测度数。

②容器准备　浸泡枸杞酒的容器可选用带盖玻璃缸、瓷缸等。将容器洗净晾干。无盖的容器用绢布或猪羊的膀胱吹起晒干并内装

麦皮稻皮等覆盖。其他物品如绢布、纱布和清洁水（脱臭）同时也准备好。

③破碎 将晒好的枸杞碾碎（或用钢磨打碎），要求均匀，露出种子。

④浸泡 将破碎的枸杞放入容器内，再注入白酒，一般比例为每1 000克白酒加300克枸杞，搅匀封口后放在阴凉干燥的地方。开始时每2～3天搅动1次，7天后，每2天搅动1次，浸泡2周后即可过滤。

⑤过滤 将泡制好的酒缓缓地通过绢布或纱布（纱布需用4层）滤入另一个容器内。最后用力挤压至无酒液滤出。过滤好的酒液放置7天后进行2次过滤，绢布需用2层，纱布需用6～8层，如上所述缓缓过滤，这时得到的液体应为橙色透明的液体，置于阴凉处静静地密闭放置30天。容器底部如有沉淀或液体仍有浑浊可进行多次过滤，也可选用机械过滤。

⑥调配 根据饮用的需要，可将泡制好的枸杞酒调成不同的度数。一般饮用枸杞酒都是较高度数即24°～55°。成品酒应为澄清透明橙红色液体，略黏稠，具有浓、甜、香、醇的风味。经泡制后酒度会下降，造成每批酒的度数不同，应调成统一酒度。具体做法是用酒度计测出泡制后的酒度，计算应加入的酒精量，注入食用酒精调匀即可。

（2）发酵酿造法 发酵酿造法是采用枸杞和粮食混合发酵的方法，又可分为黄酒发酵法和白酒发酵法两种，下面简单介绍黄酒发酵法酿制枸杞酒。

①选料 枸杞选用优质宁夏产枸杞，要求无霉烂变质的果粒和其他杂质。准备酒曲（或糖化剂和造酒用酵母）、糯米（或去壳红谷）。枸杞和粮食的质量比一般为1：2。

②浸泡 将枸杞破碎后用清水泡透，加水量以刚好泡透无水为宜。用温水将糯米（或去壳红谷）浸泡至透（浸泡时少加水、勤加水，保证泡透无水）。这个过程需2～3天。

③蒸料　将浸泡好的谷米蒸熟蒸透（不能有夹生），然后快速晾至常温。将晾后的谷米放入准备好的发酵容器中。把浸泡好的枸杞煮熟，晾至常温，再加等量水浸泡并投入发酵容器中。

④下曲　将曲子（或糖化剂酵母）用温水泡透激活并倒入发酵容器中拌匀，保温发酵，温度一般控制在32℃～38℃之间，尽量不超过36℃，因为温度过低或过高酒的品质都不好。每隔4小时搅拌1次，2天后，每12小时搅动1次，3天后基本上不再搅动。发酵6～7天后。

⑤过滤　用4层纱布或绢布进行压榨过滤入坛，每坛坛口加适量75°食用酒精后密封。

⑥澄清热化　将过滤密封后的坛子放在阴凉处贮藏6个月以上，酒液将进一步澄清成熟，坛子底部会有少量沉淀物质。

⑦调配　将贮藏半年后的酒液轻轻倒出，底部用6～8层纱布滤出，进一步澄清，可加入少量澄清石灰水搅匀，静置7天后用6～8层纱布过滤。将澄清液取出，用酒度计测量酒度后进行调配，一般发酵后的自然酒度不低于16°。

黄酒造法得到的枸杞酒，可加部分红糖调整口味。具体方法是将红糖溶解并过滤，注入酒液中搅匀，将调好的枸杞酒静置两个月，过滤除去杂质（因为度数调整后还会出现浑浊或部分沉淀），装瓶即为成品。颜色浅橙红色，澄清透明，具有枸杞酒的特殊风味。

第九章
菜用枸杞栽培技术

土壤肥力和水分充足时，枸杞的茎、叶鲜嫩，纤维少，口感好，别具风味。枸杞菜不仅营养丰富，而且还有较高的药用价值。枸杞菜有清热解毒、明目清肝、抗衰老之功效，是集医疗、营养、保健功能于一体的绿色森林蔬菜。

菜用枸杞生命周期一般在30年以上，具有一次栽植，多年收益，收益期长的特点。菜用枸杞主要有大叶枸杞和细叶枸杞两个栽培品种。大叶枸杞的叶宽大、卵形，有清香，味淡甘苦，别具风味；叶腋几近无刺。细叶枸杞叶披针形，香、苦味较浓，叶腋有刺。栽培菜用枸杞多数采用大叶枸杞。

大叶枸杞为多年生矮小灌木，根系发达，枝条细长，分枝能力强，以营养生长为主，栽植当年不开花结果。嫩叶味淡甘苦，从定植到采收约55天。全年采收期达6个月，平均可采6～7次。大叶枸杞栽培要求土壤深厚，微碱性沙质壤土，pH值为7.5左右。大叶枸杞喜冷凉、干燥气候，耐寒。下面简要介绍其栽培技术。

1. 选地 选择地势平坦、有排灌条件、土壤较肥沃的田地。土壤应为沙壤、轻壤或中壤土，活土层30厘米以上的地块种植为宜。

2. 施基肥 菜用枸杞栽培不仅需要良好的肥水条件，而且由于扦插密度大，扦插后难以再施大量有机肥，所以扦插前必须施足有机肥，一般每667米^{2}施有机肥5 000千克左右，施肥后要深翻土壤，使肥与土混合均匀。

3. 育苗　菜用枸杞一般采用扦插育苗方式。选背风向阳、灌排方便、远离污染的地块。先结合施肥翻地，然后按畦面宽 1.2 米、沟宽 20 厘米、沟深 20 厘米做南北向平畦。2 月中旬至 3 月上旬剪取菜用枸杞一年生健壮枝，截成长 15 厘米左右的短枝作插条，剪口平齐，按行距 5 厘米、株距 2 厘米斜插于苗床上。腋芽朝上，扦插深度为插条的 3/4，密度为 50 万～60 万株/667 米^2。插后浇透水。每隔 1 米插 1 个 2 米长的竹弓，再用厚 0.014 毫米、宽 2 米的聚乙烯农膜覆盖，以保温保湿。老枝条扦插成活率较低，不宜作为扦插材料。夏季高温期扦插最好采用生根粉蘸根处理，消除夏季枝条休眠的影响。棚室内栽培一年四季均可栽植。

4. 移栽定植　4 月上旬将长出新根和嫩叶的枸杞苗按株距 20 厘米、行距 40 厘米移栽定植。定植时间避开正午，上午 11 时前、下午 4 时以后，阴天可全天定植，随栽后浇水。移栽苗去除老叶枯枝。移栽时尽可能带土移栽，少伤根，以利于种苗成活。一般情况下，根系发育良好的枸杞幼苗，移栽成活率可达 100%。定植 1 个月左右的枸杞扦插苗，即可采食嫩叶嫩芽。

枸杞不耐高温，当温度高于 30℃时易造成夏季休眠，可通过重施氮肥促进嫩芽发生的方法消除夏季休眠，也可通过降低温度的方法消除休眠。

5. 田间管理

（1）**土肥水管理**　大叶枸杞生长期需肥水多，栽培中要注意追肥和浇水。在新梢抽生后每 10～15 天施 1 次肥。用腐熟人粪尿兑水，初期浓度为 10%～20%，生长盛期浓度为 30%～40%。也可叶面喷施 0.2% 尿素加 0.3% 磷酸二氢钾，每 15 天喷 1 次。采收期为使其促发嫩尖，以氮肥为主，适当配加磷、钾肥。枸杞营养生长期土壤应见干见湿，保持土壤湿润，及时中耕除草、培土。遇雨季应及时排水防涝。在夏季日平均温度超过 25℃时，要搭荫棚，效果以透光度 70% 左右为最好。

（2）**修剪**　菜枸杞栽培要培育成固定高度的采菜层，以免浪费大量的养分，降低枸杞菜产量。枸杞生长后期，要重剪植株，保持高度50厘米左右。通过修剪植株，可迫使侧芽、隐芽萌发，形成丛状多头矮化植株，使嫩头密集在一个水平面上，便于采摘，且嫩茎粗，嫩叶大，品质佳。菜枸杞采菜层由修剪技术控制。主要修剪技术如下。

①平茬 越冬前或春季发芽前及时平茬，一般留茬高20厘米左右，以促进茎基部萌生嫩芽，促进春季枸杞菜生产。

②及时采摘 当春季嫩茎梢长到30厘米左右时，及时采摘，以促进基部分枝的形成，萌发更多嫩枝。

③修剪 当采菜层超过40厘米时，要及时进行修剪控制。每次采菜后，对超出40厘米的枝条进行缩头修剪，保持采菜层在40厘米左右，以便促使嫩枝的滋生，争取持续高产。

④夏季平茬 当采菜层失去控制时，要进行夏季平茬。夏季平茬一般在8月下旬进行，留茬高度一般在35厘米左右，不宜过低。

6. 病虫防治 在枸杞生长期间注意防治白粉病、流胶病和根腐病，可喷0.3～0.5波美度石硫合剂，或5%菌毒消水剂100倍液，或2%嘧啶核苷类抗菌素水剂100倍液。蚜虫、枸杞瘿螨、枸杞叶甲可喷施40%蚜灭磷乳油1 000～1 500倍液，或15%哒螨灵乳油3 000倍液，或1%阿维菌素乳油5 000倍液，或0.3%苦参碱水剂800～1 000倍液，也可喷施10%吡虫啉可湿粉剂500倍液防治。

7. 采收 定植后50～60天，当新萌发枝条长到20厘米以上、基部叶片老化前即可采摘。于基部掐取嫩梢，一般是将嫩梢部分5～10厘米梢弯曲90°自然折断；或用快刀采摘最旺的枝条，疏去密集的纤细枝和徒长枝。采收时注意下部留足3～6个腋芽，追肥浇水，以利于抽发新梢。晴天采收，时间为上午10时以前、下午4时以后。采下的鲜菜，立刻放入保湿的袋子中，以免鲜菜失水萎蔫，影响质量。5～6月份采收嫩芽长度为10～12厘米，8叶1芽；6～8月份采收嫩芽长度为8～10厘米，6叶1芽；9月份采收嫩芽长度为3～6厘米，4叶1芽。采收间隔期为14～18天。采摘包装时，应防止枸杞叶内混入泥沙、杂草等杂质。采收装筐厚度不超过10厘米，否则容易引起发热现象，边采收边入库，采后2小时内必须入库。喷施农药后未到安全期不采摘。

8. 保存　枸杞菜容易保存，在5℃～8℃低温条件下贮藏可保鲜15天以上。产业化工厂可在低温库中保鲜枸杞菜，家庭可在冰箱的贮藏箱中保鲜枸杞菜。

附　录

一、中华人民共和国国家标准　枸杞（枸杞子）（GB/T 18672—2014）

1. 范围

本标准规定了枸杞的质量要求、试验方法、检验规则、标志、包装、运输和贮存。

本标准适用于经干燥加工制成的各品种的枸杞成熟果实。

2. 规范性引用文件（略）

3. 术语和定义

下列术语和定义适用于本文件。

3.1　外观

整批枸杞的颜色、光泽、颗粒均匀整齐度和洁净度。

3.2　杂质

一切非本品物质。

3.3　不完善粒

尚有使用价值的枸杞破碎粒、未成熟粒和油果。

3.3.1　破碎粒

失去部分达果粒体积 1/3 以上的颗粒。

3.3.2　未成熟粒

颗粒不饱满，果肉少而干瘪，颜色过淡，明显与正常枸杞不同的颗粒。

3.3.3　油果

成熟过度或雨后采摘的鲜果因烘干或晾晒不当，保管不好，颜色变深，明显与正常枸杞不同的颗粒。

3.4 无使用价值颗粒

被虫蛀、粒面病斑面积达 2 毫米 ^{2} 以上、发霉、黑变、变质的颗粒。

3.5 百粒重

100 粒枸杞的克数。

3.6 粒度

50 克枸杞所含颗粒的个数。

4. 质量要求

4.1 感官指标

感官指标应符合表 1 的规定。

附表 1　感官指标

项　目　　等级及要求	特　优	特　级	甲　级	乙　级
形　状	类纺锤形略扁稍皱缩	类纺锤形略扁稍皱缩	类纺锤形略扁稍皱缩	类纺锤形略扁稍皱缩
杂　质	不得检出	不得检出	不得检出	不得检出
色　泽	果皮鲜红、紫红色或枣红色	果皮鲜红、紫红色或枣红色	果皮鲜红、紫红色或枣红色	果皮鲜红、紫红色或枣红色
滋味、气味	具有枸杞应有的滋味、气味	具有枸杞应有的滋味、气味	具有枸杞应有的滋味、气味	具有枸杞应有的滋味、气味
不完善粒质量分数（%）	≤ 1.0	≤ 1.5	≤ 3.0	≤ 3.0
无使用价值颗粒	不允许有	不允许有	不允许有	不允许有

4.2 理化指标

理化指标应符合表 2 的规定。

附表 2　理化指标

等级及指标 项　目	特　优	特　级	甲　级	乙　级
粒度（粒 / 50 克）	≤ 280	≤ 370	≤ 580	≤ 900
枸杞多糖（克 / 100 克）	≥ 3	≥ 3	≥ 3	≥ 3
水分（克 /100 克）	≤ 13	≤ 13	≤ 13	≤ 13
总糖（以葡萄糖计） （克 / 100 克）	≥ 45	≥ 39.8	≥ 24.8	≥ 24.8
蛋白质（克 / 100 克）	≥ 10	≥ 10	≥ 10	≥ 10

5. 实验方法

5.1　感官检验

按 SN/ T 0878 规定执行。

5.2　粒度、百粒重的测定

按 SN/ T 0878 规定执行。

5.3　枸杞多糖的测定

按本标准附录 A 规定执行。

5.4　水分的测定

按 GB 5009.3 减压干燥法或蒸馏法规定执行。

5.5　总糖的测定

按本标准附录 B 规定执行。

5.6　蛋白质的测定

按 GB 5009.5 规定执行。

5.7　脂肪的测定

按 GB/ T 5009.6 规定执行。

5.8　灰分的测定

按 GB 5009.4 规定执行。

6. 检验规则

6.1　组批

由相同的加工方法生产的同一批次、同一品种、同一等级的产品为一批产品。

6.2　抽样

从同批产品的不同部位随机抽取 1‰，每批至少抽 2 千克样品，分别做感官、理化检验，留样。

6.3　检验分类

6.3.1　出厂检验

出厂检验项目包括：感官指标、粒度、百粒重、水分。产品经生产单位质检部门检验合格并附合格证，方可出厂。

6.3.2　型式检验

型式检验每年进行 1 次，在有下列情况之一时应随时进行：①新产品投产时；②原料、工艺有较大改变、可能影响产品质量时；③出厂检验结果与上次型式检验结果差异较大时；④质量监督机构提出要求时。

判定规则：

型式检验项目如有 1 项不符合本标准，判该批产品为不合格，不得复验。出厂检验如有不合格项时，则应在同批产品中加倍抽样，对不合格项目复验，以复验结果为准。

7. 标志、包装、运输和贮存

7.1　标志

标志应符合 GB 7718 的规定。

7.2　包装

7.2.1　包装容器（袋）应用干燥、清洁、无异味，并符合国家食品卫生要求的包装材料。

7.2.2　包装要牢固、防潮、整洁、美观、无异味，能保护枸杞的品质，便于装卸、仓储和运输。

7.2.3　预包装产品净含量允差应符合《定量包装商品计量监督

管理办法》的规定。

7.3 运输

运输工具应清洁、干燥、无异味、无污染。运输时应防雨防潮，严禁与有毒、有害、有异味、易污染的物品混装、混运。

7.4 贮存

产品应贮存于清洁、阴凉、干燥、无异味的仓库中。不得与有毒、有害、有异味及易污染的物品共同存放。

二、中华人民共和国国家标准 枸杞栽培技术规程（GB/T 19116—2003）

1. 范围

本标准规定了枸杞栽培的适宜区域、优良品种、优质丰产指标、育苗、建园、栽植、土肥水管理、整形修剪、病虫害防治、鲜果采收、制干和贮存。

本标准适用于枸杞种植者进行栽培及管理。

2. 规范性引用文件（略）

3. 优质丰产指标

3.1 树体指标

树形以矮冠自然半圆形为主，株高 160 厘米左右，冠幅 170 厘米左右，地径 5 厘米以上，每 667 米^2 结果枝 4 万～6 万条。

3.2 产量指标

栽植第一年每 667 米^2 产干果 30 千克以上，第二年 80 千克以上，第三年 100 千克以上，第四年 150 千克以上，第五年进入成年期产干果 200 千克以上。

3.3 质量指标

枸杞质量按照 GB/T 18672–2002 执行（现执行 GB/T 18672–2014，编者注），特优率 15% 以上，特级率 35% 以上，甲级率 35% 以上。

4. 栽培的适宜区域

4.1 气候条件

北纬 30°～45°、东经 80°～120°，年平均温度 5.6℃～12.6℃、≥10℃ 的年有效积温 2 800℃～3 500℃，年日照时数 3 000 小时以上，无灌溉条件下，年降水量 400～700 毫米。

4.2　立地条件

土壤类型：淡灰钙土、灌淤土、黑沪土。土质为轻坡土、壤土。有机质含量 1% 以上，土壤含盐量 0.5% 以下；地下水位 100 厘米以下，引水灌区水矿化度 1 克/升，苦水地区水矿化度 3～6 克/升。

4.3　环境质量

4.3.1　水质达到 GB 5084–1992 二级以上标准。

4.3.2　大气环境达到 GB 3095–1996 二级以上标准。

4.3.3　土壤质量达到 GB 15618–1995 二级以上标准。

5. 优良品种

以国家科技成果重点推广计划（农 1–4–0–30）中宁夏枸杞的品种"宁杞 1 号"为主，适当发展大麻叶品种。

5.1　植物学特性

5.1.1　宁杞 1 号：叶色深绿，老枝叶披针形，新枝叶条状披针形，叶长 4.65～8.6 厘米、叶宽 1.23～2.8 厘米，当年生枝灰白色，多年生枝灰褐色。果实浆果，红色，果身具 4～5 条纵棱，果形柱状，顶端有短尖或平截，花紫红色。

5.1.2　大麻叶：叶色深绿，质地厚，老枝叶条状披针形，新枝叶卵状披针形或椭圆状披针形，叶长 6～9 厘米、宽 1.5～2 厘米，叶面微向叶背反卷，当年生枝青灰色，多年生枝灰褐色或灰白色。果实浆果，红色，果实顶端具一短尖，果身棒状而略方。

5.2　品种鉴定

由国家授权的法定检测机构鉴定，出具品种鉴定证明。

6. 培育苗木

采用无性繁殖法——硬枝扦插为主培育苗木。

6.1　选择母树

在已确定推广繁育优良品种——宁杞 1 号、大麻叶的采穗圃内，选择树龄较小的健壮植株。

6.2 采条时间

春季树液流动至萌芽前。

6.3 采条部位

采集树冠中上部着生的枝条。

6.4 采集枝型

1 年生中间枝和徒长枝。

6.5 采条粗度

0.5～0.8 厘米。

6.6 剪截插条

选择无破皮、无虫害的枝条，截成 15～18 厘米长的插条，上下留好饱满芽，每 100～200 根一捆。

6.7 生根剂处理

插穗下端 5 厘米处浸入 100～150 毫克/升吲哚丁酸（IBA）水溶液中浸泡 2～3 小时，或用 ABT 生根粉处理。

6.8 扦插方法

在地势平坦、排灌畅通、土质肥厚的轻壤土，地下水位 120 厘米以下，pH 值不大于 8，有机质含量 1% 以上，土壤含盐量 0.3% 以下，深翻 25 厘米，平整高差小于 5 厘米，耙糖，清除石块与杂草。按行距 50 厘米定线，株距 10 厘米定点，人工在定线上开沟或劈缝，将插条下端轻轻直插入沟穴内，封湿土踏实，地上部留 1 厘米，外露 1 个饱满芽，上面覆一层细土，用脚拢一土棱，如果土壤墒情差，可不覆碎土，直接按行盖地膜。在干旱地区搞硬枝扦插，先浇透水然后再整地作畦。

6.9 插条量

每 667 米² 扦插约 1.3 万根插条。

6.10 出苗量

每 667 米² 产合格苗 0.7 万～0.8 万株。

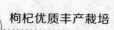

6.11　苗圃管理

6.11.1　浇水

插条生长的幼苗 15 厘米以上时灌第一水，6 月下旬、7 月下旬各浇水 1 次。

6.11.2　中耕除草

幼苗生长高度达 10 厘米以上时，中耕除草，疏松土壤，深 5 厘米；6 月份、7 月份、8 月份各 1 次，深 10 厘米。

6.11.3　修剪

苗高 20 厘米以上时，选一健壮枝作主干，将其余萌生的枝条剪除。苗高 40 厘米以上时剪顶，促进苗木主干增粗生长和分生侧枝生长，提高苗木木质化质量。

6.11.4　追肥

6 月份、7 月份各追肥 1 次。第一次行间开沟每 667 米^2 施入 6.9 千克纯氮，第二次行间开沟每 667 米^2 施入 3 千克纯氮、3 千克纯磷、3 千克纯钾，施入后封沟浇水。

6.12　苗木出圃

出圃前 7 天左右浇起苗水，随出圃随移栽。翌年春季可于 3 月下旬至 4 月上旬土壤解冻后出圃移栽，起苗时不伤皮、不伤根，主根完整，须根长 20 厘米左右。

6.13　苗木规格

一级：苗株高 50 厘米以上，地径 0.7 厘米以上；二级：苗株高 40～50 厘米以上，地径 0.5～0.7 厘米；三级：苗株高 40 厘米以下，地径 0.5 厘米以下。

6.14　包装运输

苗木根系蘸泥浆，每 50 棵一捆，装入草袋，草袋下部填入少许锯末，洒水捆好。外挂标签，写明苗木品种、规格、数量、出圃日期，具备产地证、合格证、苗木检疫证书。

7.　建园

7.1　园地选择

选择地势平坦，有排灌条件，地下水位 100～150 厘米，土壤较肥沃的沙壤、轻壤或中壤；土壤含盐量 0.5% 以下，pH 值 8 左右，活土层 30 厘米以上。

7.2 园地规划

集中连片，规模种植，也可因地制宜分散种植，园地应远离交通干道 100 米以上。

7.2.1 设置渠、沟、路

依据园地大小和地势，规划灌水渠、排水沟；大面积集中栽培区依据水渠灌溉能力划分地条，并设置作业道路。

7.2.2 营造防护林带

农田防护林的主林带与当地主风方向垂直，林带间距 200 米，每条林带栽树 5～7 行，株行距 1.5 米×2 米；副林带与主林带垂直，设置在地条两头，栽树 3～5 行，株行距 1.5 米×2 米，以乔灌木相结合混栽。

7.2.3 整地

上一年秋季依地条平整土地，平整高差小于 5 厘米，深耕 25 厘米，耙平后依 335～667 米^2 为一小区，做好隔水埂，浇冬水，以备翌年春季栽植苗木用。

7.3 栽植

7.3.1 时间

春栽于土壤解冻至萌芽前，秋栽于土壤结冻前。

7.3.2 密度

小面积分散栽培 667～6670 米^2，株行距 1 米×2 米，每 667 米^2 栽植 333 株；大面积集中栽植，地条 6670 米^2 以上，株行距 1 米×3 米，每 667 米^2 栽植 222 株。也可株行距 2 米×3 米，1.5 米×3 米。

7.3.3 方法

按株行距定植点挖坑，将表土与底土分放，表土与肥混合均匀，填入坑底，规格 40 厘米×40 厘米×50 厘米（长×宽×深），坑内先施入经完全腐熟厩肥（纯氮 0.04 千克、纯磷 0.02 千克、纯钾 0.03

千克）加氮、磷复合肥（纯氮 0.03 千克、纯磷 0.03 千克、纯钾 0.03 千克），与土拌匀后准备栽苗。苗木定植前用 100 毫克／升萘乙酸水溶液蘸根 5 秒钟后，放入栽植坑填湿土，提苗、踏实，再填土至苗木基茎处，踏实，覆土略高于地面。栽植完毕及时浇水。

8. 幼龄期（1～4 年）管理技术

8.1 定干修剪

栽植的苗木萌芽后，将主干基茎以上 30 厘米（分枝带）以下的萌芽剪除，分枝带以上选留不同生长方向并有 3～5 个间距的侧芽或侧枝 3～5 条作为形成小树冠的骨干枝（树冠的第一层冠）。于株高 50～60 厘米处剪顶。

8.2 夏季修剪

5 月下旬至 7 月下旬，每间隔 15 天剪除主干分枝带以下的萌条，将分枝带以上所留侧枝于枝长 20 厘米处短剪，促其萌发二次结果枝；侧枝上向上生长的壮枝（中间枝）选留靠主干的不同方向的枝条 2～3 条（每条间隔 10 厘米）作为小树冠的主枝，于 30 厘米处剪顶，促发分枝结果。

8.3 土壤培肥

8.3.1 施肥原则

营养平衡施肥，依产量而施肥。

8.3.2 施肥时间

3～5 月份、7 月上旬、10 月份。

8.3.3 施肥方法

施肥可采用穴肥、环状、放射沟交替进行。

8.3.4 施肥量

每株全年施入纯氮、纯磷、纯钾总量，参考如下：

第一年：纯氮 0.05919 千克、纯磷 0.04002 千克、纯钾 0.0243 千克；

第二年：纯氮 0.15784 千克、纯磷 0.16072 千克、纯钾 0.0648 千克；

第三年：纯氮 0.19730 千克、纯磷 0.13340 千克、纯钾 0.0810 千克；

第四年：纯氮 0.29595 千克、纯磷 0.20010 千克、纯钾 0.1215 千克。

注意增施微肥。

8.4 叶面喷肥

2～4 年生枸杞植株于 5～8 月份的每月中旬各喷洒 1 次枸杞叶面专用肥。

8.5 及时防虫

防治蚜虫采用生物源农药（如苦参素），防治负泥虫选用广谱性触杀剂，防治锈斑采用矿物源农药（如硫磺胶悬剂）。

8.6 适时灌水

4～9 月份灌水 5 次，每 667 米^2 进水量 50 米^3 左右，冬水在 11 月上旬每 667 米^2 进水量 70 米^3 左右。

8.7 中耕翻园

5～8 月份中耕除草 4 次，深度 15 厘米，9 月份翻晒园地 1 次，深度 25 厘米，树冠下 15 厘米，不碰伤植株基茎。

8.8 秋季修剪

9～10 月份剪除植株根茎、主干、冠层所抽生的徒长枝。

9. 半圆树型培养

第一年定干剪顶，第二、第三年培养基层，第四年放顶成型。

10. 成龄期（5 年以上）管理技术

10.1 修剪

10.1.1 整形修剪

10.1.1.1 原则

巩固充实半圆形树型，冠层结果枝更新，控制冠顶优势，调节生长与结果的关系。

10.1.1.2 时间

枸杞植株休眠期 1～3 月份。

10.1.1.3 方法

10.1.1.3.1 剪：剪除植株根茎、主干、膛内、冠顶着生的无用徒长枝及冠层病、虫、残枝和结果枝组上过密的细弱枝，老结果枝。

10.1.1.3.2 截：交错短截树冠中、上部分布的中间枝和强壮结果枝。

10.1.1.3.3 留：选留冠层生长健壮的分布均匀的一年生至二年生结果枝。

10.1.1.3.4 树冠总枝量剪、截、留各三分之一左右。

10.1.2 春季修剪

10.1.2.1 时间

4月下旬至5月上旬。

10.1.2.2 内容

抹芽剪干枝及除芽。

10.1.2.3 方法

沿树冠自下而上将植株根茎、主干、膛内、冠顶（需偏冠补正的萌芽、枝条除外）所萌发和抽生的新芽、嫩枝抹掉或剪除，同时剪除冠层结果枝梢部的风干枝。

10.1.3 夏季修剪

10.1.3.1 时间

5月中旬至7月上旬。

10.1.3.2 内容

剪除徒长枝，短截中间枝，摘心二次枝。

10.1.3.3 方法

沿树冠自下而上，由里向外，剪除植株根茎、主干、膛内、冠顶处萌发的徒长枝，每15天修剪1次，对树冠上层萌发的中间枝剪除，直立强壮者隔枝剪除，留下者于20厘米处打顶或短截，对树冠中层萌发的斜生生长的中间枝于枝长25厘米处短截。6月中旬以后，对所短截枝条所萌发的二次枝有斜生者于20厘米处摘心，促发其分枝结秋果。

10.1.4　秋季修剪

10.1.4.1　时间

11 月份，也可延迟到休眠期修剪。

10.1.4.2　内容

剪除徒长枝。

10.1.4.3　方法

剪除植株冠层着生的徒长枝。

10.2　土肥水管理

10.2.1　土壤耕作

10.2.1.1　浅耕

10.2.1.1.1　时间：3 月下旬至 4 月上旬。

10.2.1.1.2　深度：15 厘米，树冠下 10 厘米。

10.2.1.1.3　要求：行间深浅一致，树冠下不碰伤主干与根茎。

10.2.1.2　中耕除草

10.2.1.2.1　时间：5～8 月份，每月中旬各 1 次。

10.2.1.2.2　深度：15 厘米，树冠下 10 厘米。

10.2.1.2.3　要求：中耕均匀不漏耕，清除杂草。

10.2.1.3　翻晒园地

10.2.1.3.1　时间：9 月中旬。

10.2.1.3.2　深度：行间 25 厘米，株间 15 厘米。

10.2.1.3.3　要求：翻晒均匀不漏翻，树冠下作业不伤根茎。

10.2.2　施肥（参考值）

10.2.2.1　土壤培肥

10.2.2.1.1　施肥

10.2.2.1.1.1　时间：9～11 月份。

10.2.2.1.1.2　种类：饼肥，腐熟的厩肥，氮、磷、钾复合肥。

10.2.2.1.1.3　施量：每 1 株施纯氮 0.23676 千克、纯磷 0.16008 千克、纯钾 0.0972 千克。

10.2.2.1.1.4　方法：沿树冠外缘开环状或对称沟 40 厘米 × 20 厘米 × 40 厘米（长 × 宽 × 深），表土与底土分放，将定量的肥料与表土拌匀后填入沟底，底土填入表层封沟。

10.2.2.1.2　追肥

10.2.2.1.2.1　时间：4 月中旬、6 月上旬。

10.2.2.1.2.2　种类：枸杞专用肥，氮、磷、钾复合肥。

10.2.2.1.2.3　施量：每株每次施入纯氮 0.07892 千克、纯磷 0.05336 千克、纯钾 0.0324 千克。

10.2.2.1.2.4　方法：沿树冠外缘开沟，沟深 20 厘米，深施定量的肥料与土拌匀后封沟。

10.2.2.2　叶面喷肥

10.2.2.2.1　时间：5～7 月份，每月各两次。

10.2.2.2.2　种类：枸杞叶面专用肥或其他营养液肥。

10.2.2.2.3　喷量：背负式喷雾每 667 米^2 40 千克肥液，机动式喷雾每 667 米^2 60 千克肥液。

10.2.2.2.4　方法：采用背负式喷雾器或机动喷雾机喷雾，以叶片不滴水为好。上午 10 时以前和下午 4 时以后作业。

10.2.3　灌水

10.2.3.1　时间：4～9 月份，11 月份。

10.2.3.2　灌量（每 667 米^2 进水量）：4 月下旬灌头水，进水量 60 米^3；5 月至 6 月份土壤 0～20 厘米土层含水低于 18% 时及时灌水，进水量 50 米^3 左右；7 月份、8 月份采果期每 15 天灌水 1 次，进水量约 50 米^3；9 月上旬灌白露水，进水量约 60 米^3；11 月上旬灌冬水，进水量约 70 米^3。采用节水灌溉，每 667 米^2 年灌水量应小于 350 米^3。

10.2.3.3　要求：全园灌溉，不串灌，不漏灌，不积水。

10.3　病虫害防治

坚持贯彻保护环境、维持生态平衡的环保方针及预防为主、综合防治原则，采用农业措施防治、生物防治和化学防治相结合，做好病虫害的预测预报和药效试验，提高防治效果，禁止使用国家禁用农药，将病虫害对枸杞的危害降低到最低程度。

10.3.1　农业防治

10.3.1.1　清理园地：于早春和晚秋清理枸杞园被修剪下来的残、枯、病、虫枝条连同园地周围的枯草落叶，集中到园外烧毁，杀灭病虫源。

10.3.1.2　土壤耕作：早春土壤浅耕、中耕除草、挖坑施肥、灌水封闭和秋季翻晒园地，杀灭土层中羽化虫体，降低虫口密度。

10.3.2　虫害防治

10.3.2.1　枸杞蚜虫

10.3.2.1.1　防治时间：依据预测预报、田间调查和已掌握的最佳防治时机及时进行防治。

10.3.2.1.2　选用农药：以生物源农药为主，辅以环境相容性、选择性较好的化学杀虫剂。

10.3.2.1.3　最佳防治期：蚜虫（干母）孵化期和无翅胎生期。

10.3.2.1.4　防治方法：枸杞展叶、抽梢期使用2.5%扑虱蚜3 500倍液树冠喷雾防治，开花坐果期使用1%苦参素1 200倍液树冠喷雾防治。

10.3.2.1.5　注意事项：树冠喷雾时着重喷洒叶背面。

10.3.2.2　枸杞木虱

10.3.2.2.1　防治时间：3月份、4月份、5月下旬。

10.3.2.2.2　选用农药：高效低毒的农药。

10.3.2.2.3　最佳防治期：成虫出蛰期、若虫发生期。

10.3.2.2.4　防治方法：成虫出蛰期，使用40%辛硫磷微胶囊500倍液喷洒园地后浅耙，喷洒时，连同园地周围的沟、渠、路一并喷施；若虫发生期使用1%苦参素1 200倍液树冠喷雾防治。

10.3.2.2.5　注意事项：使用辛硫磷时间掌握在下午3时以后。

10.3.2.3　枸杞瘿螨

10.3.2.3.1　防治时间：4月下旬、6月中旬、8月中旬。

10.3.2.3.2　选用农药：内吸性杀螨剂。

10.3.2.3.3　最佳防治期：成虫出蛰转移期。

10.3.2.3.4　防治方法：成虫转移期虫体暴露，选用40%乐果乳油1000倍液树冠及地面喷雾防治。

10.3.2.3.5　注意事项：提高防治效果，注重虫体暴露期的虫情测报，在短时间内集中药剂防治。

10.3.2.4　枸杞锈螨

10.3.2.4.1　防治时间：5月下旬、6月中旬、7月上旬。

10.3.2.4.2　选用农药：触杀性杀螨剂。

10.3.2.4.3　最佳防治期：成虫、若虫期。

10.3.2.4.4　防治方法：成虫期选用硫磺胶悬剂600～800倍液，若虫期使用20%哒螨灵可湿性粉剂3000～4000倍液树冠喷雾防治。

10.3.2.4.5　注意事项：此期日照长、气温高，喷洒农药的时间选择在上午10时以前和下午4时以后，着重喷洒叶背面。

10.3.2.5　枸杞红瘿蚊

10.3.2.5.1　防治时间：4月中旬、5月下旬。

10.3.2.5.2　选用农药：内吸性杀虫剂。

10.3.2.5.3　最佳防治期：化蛹期、成虫期。

10.3.2.5.4　防治方法：4月上旬，40%辛硫磷微胶囊500倍液拌毒土均匀地撒入树冠下及园地后浅耕，灌头水封闭土壤。每667米^{2}施药量不少于250克。成虫发生期喷洒40%乐果乳油1000倍液防治。

10.3.2.5.5　注意事项：用过筛细土做毒土，拌药均匀。

10.3.2.6　枸杞负泥虫

10.3.2.6.1　防治时间：4～7月份。

10.3.2.6.2　选用农药：40%乐果乳油、3%乐果粉。

10.3.2.6.3　最佳防治期：成虫期和若虫期。

10.3.2.6.4　防治方法：成虫期选用40%乐果乳油1000倍液，

若虫期用 3% 乐果粉全园喷粉防治。

10.3.2.6.5　注意事项：喷雾时将喷头上下转动，注意着重喷洒叶片背面。

10.3.2.7　枸杞实蝇

10.3.2.7.1　防治时间：5 月上旬。

10.3.2.7.2　选用农药：40% 辛硫磷微胶囊。

10.3.2.7.3　最佳防治期：土内羽化期。

10.3.2.7.4　防治方法：5 月初采用辛硫磷每 0.5 千克拌细土 10 千克，均匀撒在园地地表，浅耙 10 厘米，树冠下用钉齿耙人工作业，杀死初羽化成虫于土内。

10.3.2.7.5　注意事项：药剂拌土，不漏耕。

10.3.2.8　其他害虫

除以上 7 种害虫外，枸杞专寄生害虫还有枸杞娟蛾、枸杞卷梢蛾、枸杞蛀果蛾、印度裸蓟马、黑盲蝽、跳甲、龟甲、龟象、泉蝇等，这些害虫在采用农业防治和化学防治其他害虫时兼而防治。

10.3.3　病害防治

10.3.3.1　枸杞炭疽病（黑果病）

10.3.3.1.1　防治时间：7～8 月份。

10.3.3.1.2　选用农药：40% 百菌清。

10.3.3.1.3　最佳防治期：阴雨天之前 1～2 天。

10.3.3.1.4　防治方法：注重天气预报，有连续阴雨 2 天以上时，提前喷洒百菌清 800 倍液，全园预防，阴雨天过后，再喷洒一遍，消灭病原菌。

10.3.3.2　枸杞流胶病

10.3.3.2.1　防治时间：春季。

10.3.3.2.2　选用农药：石硫合剂。

10.3.3.2.3　最佳防治期：枝、干皮层破裂。

10.3.3.2.4　防治方法：田间作业避免碰伤枝、干皮层，修剪时剪口平整。一旦发现皮层破裂或伤口，立即涂刷石硫合剂。

10.3.3.3 枸杞根腐病

10.3.3.3.1 防治时间：7～8月份。

10.3.3.3.2 选用农药：40%灭病威，25%三唑酮。

10.3.3.3.3 最佳防治期：根茎处有轻微脱皮病斑。

10.3.3.3.4 防治方法：保持园地平整，不积水、不漏灌，发现病斑立即用灭病威500倍液灌根，同时用三唑酮100倍液涂抹病斑。

11. 鲜果采收

11.1 采果时期：初期5月下旬至6月下旬；盛期7月上旬至8月下旬；末期9月中旬至11月上旬。

11.2 间隔时间：初期6～9天一蓬；盛期5～6天一蓬；末期8～10天一蓬。

11.3 采果要求：鲜果成熟8～9成（红色），轻采、轻拿、轻放，树上采净、地下拣净，果筐容量为10千克左右。下雨天或刚下过雨不采摘，早晨待露水干后再采摘，喷洒农药不到安全间隔期不采摘。

12. 鲜果制干

12.1 脱蜡

将采回的鲜果倒入竹筛中，浸入已配制好的脱蜡冷浸液中浸泡30秒，提起控干后，倒入制干用的果栈上，均匀地铺平，厚度2～3厘米。

12.2 制干

12.2.1 热风烘干法

12.2.1.1 烘干设施：送风（引风机）同时加热（火炉）的通热风隧道。

12.2.1.2 温度指标：进风口60℃～65℃，出风口40℃～45℃。

12.2.1.3 干燥时间：55～70小时。

12.2.1.4 干燥指标：果实含水量13%以下。

12.2.2 自然干燥法

将已脱蜡处理过的果实，铺在果栈上，放在自然光下进行干燥。在果实干燥未达到指标前，不能随便翻动果实，遇降雨要及时防雨淋，未干果实切忌淋雨，自然干燥一般需 5～10 天。

12.3　干果装袋

干燥后的果实，经脱果柄去杂，装入干燥、清洁、无异味以及不影响品质的材料制成的包装内，以备分级。包装要牢固、密封、防潮，且能保护品质。

13. 贮存

13.1　常温下产品应贮存在清洁、干燥、阴凉、通风、无异味的专用仓库中。

13.2　有条件的采用低温冷藏法，温度5℃以下。

参考文献

［1］国家药典委员会．中华人民共和国药典第一部（2015 年版）［M］．北京：中国医药科技出版社，2015.

［2］中国科学院中国植物志编辑委员会．中国植物志第 67 卷［M］．北京：科学出版社，1978.

［3］GB/T 19116–2003．枸杞栽培技术规程［M］．北京：中国标准出版社，2003.

［4］GB/T 18672–2014．枸杞［M］．北京：中国标准出版社，2014.

［5］钟鉎元．枸杞高产栽培技术（第二版）［M］．北京：金盾出版社，2016.

［6］安巍，石志刚．枸杞栽培技术［M］．银川：宁夏人民出版社，2009.

［7］谢施祎，刘金财，刘学斌．枸杞栽培与加工［M］．银川：宁夏人民出版社，2010.

［8］安巍．枸杞规范化栽培及加工技术［M］．北京：金盾出版社，2011.

［9］常金财．现代枸杞栽培管理技术概述［M］．农学学报，2014，4（11）：59–60.

［10］赖正锋，张少平，李跃森，等．南方菜用枸杞周年栽培技术［J］．中国蔬菜，2013，9（17）：63–64.

［11］李建国，马金平，王孝，等．枸杞芽茶栽培技术［J］．北方园艺，2015，2：139–140.

［12］李建国，马金平．"宁杞菜1号"枸杞设施温棚优质高产栽培技术［J］．北方园艺，2010，11：63-65.

［13］孟钰．枸杞优质丰产栽培技术［J］．中国园艺文摘，2012，12：192-193.

［14］杨彩凤．宁南地区枸杞栽培技术［J］．现代农业科技，2011，20：220.

［15］张振国，安巍．枸杞栽培技术的研究进展［J］．安徽农学通报（上半月刊），2012，3：46-48.

［16］岳瑾，董杰，乔岩，等．人工栽培菜用枸杞病虫害发生规律研究［J］．河南农业科学，2015，44（11）：93-96.

［17］张凡，李淑玲，崔秀梅．宁南山区枸杞优新品种"宁杞4号"丰产栽培技术研究［J］．北方园艺，2011，24：220-221.

［18］任月萍．宁夏栽培枸杞不同时期病虫害主要种群的演变及化学防治方法［J］．安徽农业科学，2010，5：2443-2445.

三农编辑部即将出版的新书

序　号	书　　名
1	肉牛标准化养殖技术
2	肉兔标准化养殖技术
3	奶牛增效养殖十大关键技术
4	猪场防疫消毒无害化处理技术
5	鹌鹑养殖致富指导
6	奶牛饲养管理与疾病防治
7	百变土豆　舌尖享受
8	中蜂养殖实用技术
9	人工养蛇实用技术
10	人工养蝎实用技术
11	黄鳝养殖实用技术
12	小龙虾养殖实用技术
13	林蛙养殖实用技术
14	桃高产栽培新技术
15	李高产栽培技术
16	甜樱桃高产栽培技术问答
17	柿丰产栽培新技术
18	石榴丰产栽培新技术
19	连翘实用栽培技术
20	食用菌病虫害安全防治
21	辣椒优质栽培新技术
22	希特蔬菜优质栽培新技术
23	芽苗菜优质生产技术问答
24	核桃优质丰产栽培
25	大白菜优质栽培新技术
26	生菜优质栽培新技术
27	平菇优质生产技术
28	脐橙优质丰产栽培

三农编辑部新书推荐

书　名	定价	书　名	定价
西葫芦实用栽培技术	16.00	怎样当好猪场兽医	26.00
萝卜实用栽培技术	16.00	肉羊养殖创业致富指导	29.00
杏实用栽培技术	15.00	肉鸽养殖致富指导	22.00
葡萄实用栽培技术	19.00	果园林地生态养鹅关键技术	22.00
梨实用栽培技术	21.00	鸡鸭鹅病中西医防治实用技术	24.00
特种昆虫养殖实用技术	29.00	毛皮动物疾病防治实用技术	20.00
水蛭养殖实用技术	15.00	天麻实用栽培技术	15.00
特禽养殖实用技术	36.00	甘草实用栽培技术	14.00
牛蛙养殖实用技术	15.00	金银花实用栽培技术	14.00
泥鳅养殖实用技术	19.00	黄芪实用栽培技术	14.00
设施蔬菜高效栽培与安全施肥	32.00	番茄栽培新技术	16.00
设施果树高效栽培与安全施肥	29.00	甜瓜栽培新技术	14.00
特色经济作物栽培与加工	26.00	魔芋栽培与加工利用	22.00
砂糖橘实用栽培技术	28.00	香菇优质生产技术	20.00
黄瓜实用栽培技术	15.00	茄子栽培新技术	18.00
西瓜实用栽培技术	18.00	蔬菜栽培关键技术与经验	32.00
怎样当好猪场场长	26.00	枣高产栽培新技术	15.00
林下养蜂技术	25.00	枸杞优质丰产栽培	14.00
獭兔科学养殖技术	22.00	草菇优质生产技术	16.00
怎样当好猪场饲养员	18.00	山楂优质栽培技术	20.00
毛兔科学养殖技术	24.00	板栗高产栽培技术	22.00
肉兔科学养殖技术	26.00	提高肉鸡养殖效益关键技术	22.00
羔羊育肥技术	16.00	猕猴桃实用栽培技术	24.00
提高母猪繁殖率实用技术	21.00	食用菌菌种生产技术	32.00
种草养肉牛实用技术问答	26.00		